"互联网+" 新形态立体化教材

U0259516

走近BIM和参数化设计 系列丛书

主编 王帅

BIM技术
与建筑应用
（中级篇）

天津大学出版社
TIANJIN UNIVERSITY PRESS

图书在版编目（CIP）数据

BIM技术与建筑应用. 中级篇 / 王帅主编. — 天津：
天津大学出版社，2020.6
（走近BIM和参数化设计系列丛书）
"互联网+"新形态立体化教材
ISBN 978-7-5618-6727-3

Ⅰ. ①B... Ⅱ. ①王... Ⅲ. ①建筑设计－计算机辅助
设计－应用软件－教材 Ⅳ. ①TU201.4

中国版本图书馆CIP数据核字（2020）第127935号

出版发行	天津大学出版社	
地　　址	天津市卫津路92号天津大学内（邮编：300072）	
电　　话	发行部：022-27403647	
网　　址	www.tjupress.com.cn	
印　　刷	北京盛通印刷股份有限公司	
经　　销	全国各地新华书店	
开　　本	185mm×260mm	
印　　张	13.75	
字　　数	350千	
版　　次	2020年6月第1版	
印　　次	2020年6月第1次	
定　　价	55.00元	

丛书编委会

主　任：四川大学锦城学院　王　帅

副主任：黑龙江科技大学　赵　建

　　　　重庆建筑工程职业学院　韩玉麒

委　员：成都冬明意匠科技有限公司　谢仕杰

　　　　成都冬明意匠科技有限公司　甘文滔

　　　　上海红瓦信息科技有限公司　邱灿盛

　　　　上海红瓦信息科技有限公司　周　堃

　　　　基准方中建筑设计事务所BIM研究中心　张　磊

　　　　基准方中建筑设计事务所BIM研究中心　陈志宏

　　　　思澜建筑设计咨询（上海）事务所（有限合伙）　杨　临

　　　　四川大学锦城学院　张爱玲

　　　　四川大学锦城学院　李　茜

　　　　四川大学锦城学院　易晓园

　　　　四川大学锦城学院　阙龙开

　　　　四川大学锦城学院　刘桂宏

　　　　四川大学锦城学院　陈　蓓

　　　　黑龙江科技大学　王莹莹

　　　　西安思源学院　李　芳

　　　　西安思源学院　古　新

前　言

当前，BIM（ Building Information Modeling，建筑信息模型 ）技术已经成为国家信息技术产业、建筑产业发展的强有力支撑和重要条件，它能够给各产业带来显著的社会效益、经济效益和环境效益。BIM 的广泛应用需要大量的人才，但目前我国的现状是，BIM 人才严重短缺，不能满足当前的社会需求。究其原因，可能是国内一些高校没有及时调整人才培养方案，制订符合社会需求的人才培养计划。因此，作者以自身工作实践为依托，将 BIM 相关知识与实际项目相结合，有针对性地编写了本书，重点对 BIM 全过程应用进行讲解，旨在为 BIM 人才培养做出一定的贡献。

本书旨在承接 BIM 基础课程，为建筑学以及城乡规划专业的学生进行 BIM 深入学习提供相应的学习资料。本书更多地从 Revit 的操作技巧入手，针对建筑学专业课程所需的相关操作进行介绍，其中涉及多种软件之间的关联。此外，本书还着重介绍了与之并重的 BIM 核心建模软件 ARCHICAD。作者在编写本书的过程中，同时引入 Revit 与 ARCHI-CAD，这在国内教学领域尚属首创，学习者在对比学习的过程中能更为深入和充分地理解 BIM。

本书通过对建筑设计阶段 BIM 常用软件的介绍，突出了行业内应用要点的分析。同时将 Revit 和 ARCHICAD 两款软件并置进行对比，结合国际 BIM 应用环境对教学内容进行更为全面的讲解，此举能切实提升 BIM 学习的深度与广度，增强学生的行业竞争力。除此以外，本书还有很多创新之处：采用了最新的防伪技术，一书一码；比传统教材更加立体多元化，提供了微视频，帮助学生更好地学习本书内容；与 BIM 认证考试内容密切结合，有助于考生通过考试。

特别感谢四川大学锦城学院的戴江涛、冉圣林、李正兵和何长洪四位同学，为本书做了大量烦琐和细致的资料收集与整理工作。

为了满足任课教师的教学需要，本书还配有大量素材源文件，欢迎发邮件至邮箱 ccshan2008@sina.com 获取。

由于编者水平有限，本书难免有错误和不妥之处，衷心希望各位读者批评、指正。

作　者
2020 年 2 月

目录

第 1 章　项目模型建构

所谓 BIM(Building Information Modeling,建筑信息模型),是指通过数字信息仿真模拟建筑物的真实信息,在这里,信息的内涵不仅仅是用几何形状描述的视觉信息,还包含大量的非几何信息,如材料的耐火等级、材料的传热系数、构件的造价、采购信息等。实际上,BIM 就是通过数字化技术,在计算机中建立一座虚拟建筑,一个建筑信息模型就是一个单一的、完整一致的、具有逻辑的建筑信息库。

BIM 可从概念设计开始参与设计的整个过程,直观的体量模型对于推敲建筑与城市环境的关系尤为重要,同时可用于性能分析,以找到合适的建筑方案。

BIM 应用不仅仅局限于设计阶段,它贯穿整个项目全生命周期的各个阶段:设计、施工和运营管理。BIM 电子文件能够在参与项目的各建筑行业企业间共享,建筑设计专业可以直接生成三维实体模型;结构专业可利用其中墙的材料强度及墙上的孔洞大小等进行计算;设备专业可以据此进行建筑能量分析、声学分析、光学分析等;施工单位可利用墙的混凝土类型、配筋等信息进行水泥等材料的备料及下料;开发商可利用其中的造价、门窗类型、工程量等信息进行工程造价总预算、产品订货等;而物业单位可以用之进行可视化物业管理。BIM 在整个建筑行业从上游到下游的各个企业间不断完善,从而实现项目全生命周期的信息化管理,最大化地实现 BIM 的意义。

"千里之行,始于足下。"BIM 应用的基础是模型建构,正因这一阶段由建筑专业负责,所以建筑设计阶段是 BIM 的基础阶段,也是 BIM 应用的首要环节。我们用一个简单的项目作为本书学习的起点,便于大家构建出全面的 Revit 建模体系,为后面的深入学习打下基础。

1.1　新建项目文件

首先需要新建一个项目,将 CAD 图纸的每层平面图分别做成单独的文件(图 1-1)。

新建一个 Revit 项目文件,点击"选项"(图 1-2),在"最大备份数"处填入"1",保存为图名。

创建项目文件

在 Revit 中选择"建筑样板",新建一个项目文件(图 1-3)。首先完成楼层的设置,选择"立面(建筑立面)",点击建筑标高,增加所有楼层标高(图 1-4);然后根据实际情况修改标高数值及楼层平面图的文字标注,就完成了楼层及标高的设置(图 1-5)。在 -0.300 标高处,由于文字有冲突,改为"下标头"后,调整样式跟其他标高一致(图 1-6)。

图 1-1

图 1-2

图 1-3

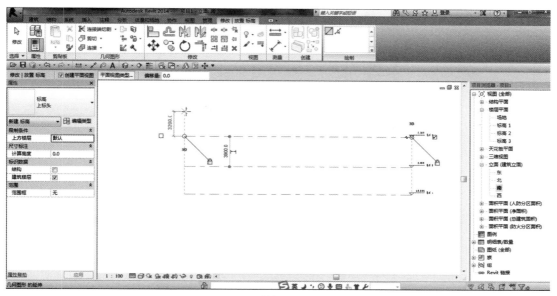

图 1-4

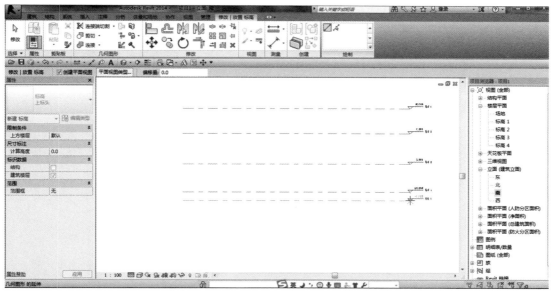

图 1-5

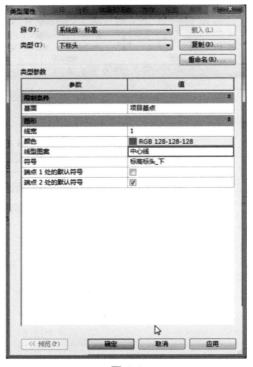

图 1-6

点击"插入"—"导入 CAD"，然后选择需要导入的文件，完成参数设置，点击"打开"，就完成了 CAD 的导入（图 1-7）。

图 1-7

导入轴网，利用轴网识别工具对底图 CAD 文件中的轴网进行识别（图 1-8、图 1-9），完成的轴网识别如图 1-10 所示。然后对轴网的格式进行编辑，点击"编辑类型"，在弹出的"类型属性"对话框中，将"参数"中的"轴线中段"选为"连续"，完成对轴网格式的编辑（图 1-11）。

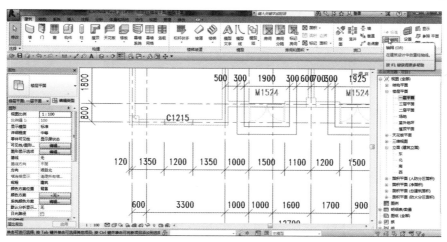

图 1-8

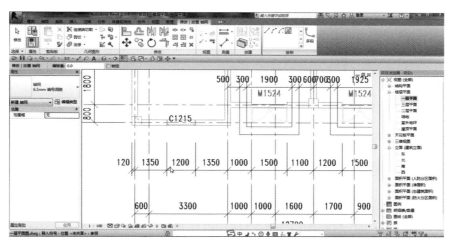

图 1-9

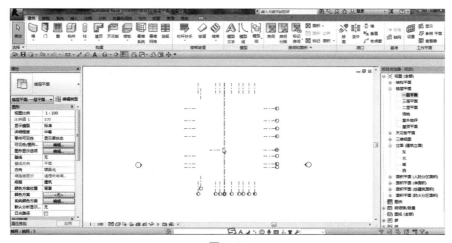

图 1-10

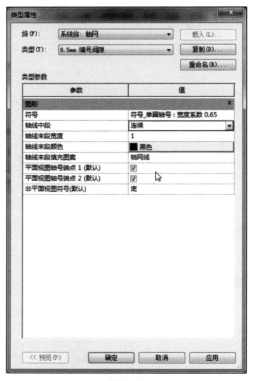

图 1-11

1.2　建筑支撑体系

　　绘制柱。在"族"中选择一种柱子,点击"编辑类型",然后按照要求调整参数,例如尺寸、材质等(图 1-12)。完成后就可以将柱子放置在图形中(图 1-13),放置完成后再调整至合适的位置(图 1-14)。然后将柱子的顶部标高及底部标高分别设置正确,柱左侧窗口中的"顶部附着对正"选择"最大相交"。

建筑支撑体系

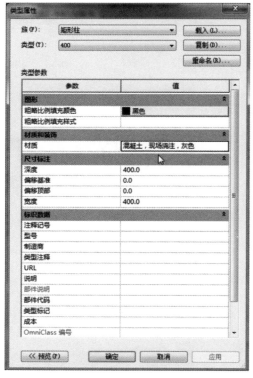

图 1-12

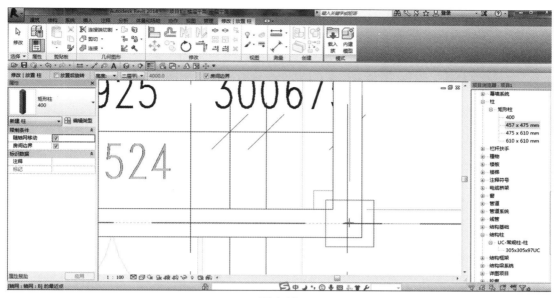

图 1-13

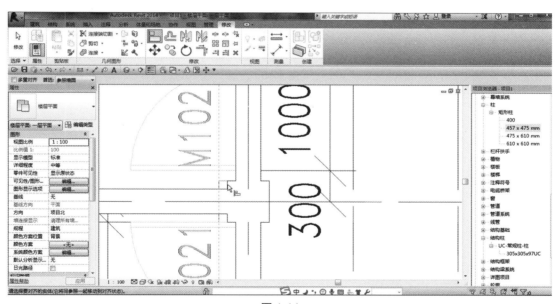

图 1-14

1.3　建筑围护部分

　　绘制墙体需要明确墙体的材质,假设我们将墙体区分为外墙和内墙。首先完成墙体的设置,新建 240 mm 厚的墙体,点击墙体的"类型属性",复制出一个新的墙体材料(图 1-15),将材质调整为砖,厚度为 240,就完成了

建筑围护部分

外墙的设置（图 1-16）；同理可设置内墙。然后点击"建筑"—"墙体"，选择外墙，根据底图按照顺时针方向绘制墙体（图 1-17），按照顺时针方向绘制可保证墙体的外侧在外。最后选择绘制的墙体，左侧的"顶部约束"选择"直到标高：二层平面"，就完成了外墙的绘制（图 1-18），外墙需与柱子交接、不重叠（图 1-19）。同理可完成内墙的绘制（图 1-20）。

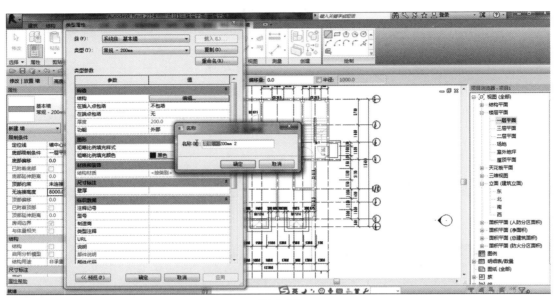

图 1-15

图 1-16

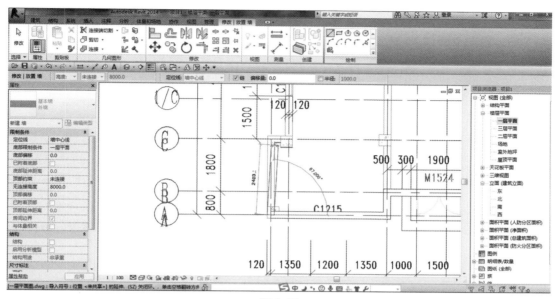

图 1-17

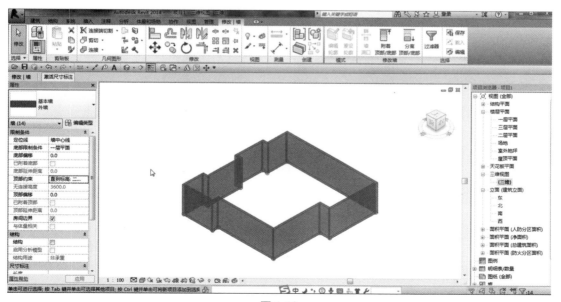

图 1-18

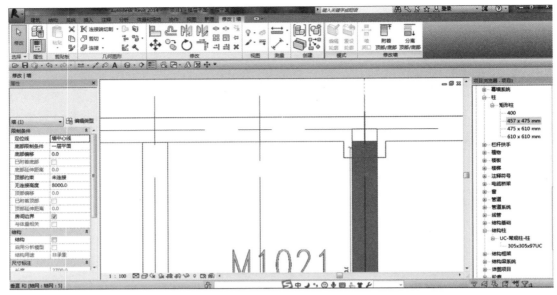

图 1-19

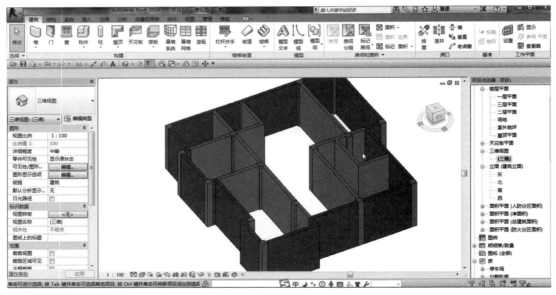

图 1-20

　　插入窗户,根据要求,窗户仅有一种类型"C1215"。首先点击"窗",选择一种窗户,点击"编辑类型"—"复制"(图 1-21),按照"C1215"的窗户调整参数,点击"确定"(图 1-22)。然后在外墙上点击鼠标左键就可以放置窗户,注意在放置的时候,应该将窗户的外侧放置在墙的外侧(图 1-23)。接着调整窗户在墙上的位置,按照轴线进行定位,调整窗与轴线间的距离(图 1-24)。最后根据窗户的位置,点击窗户的编号,点击左侧窗口中的"方向",调整编号至合适的位置(图 1-25)。

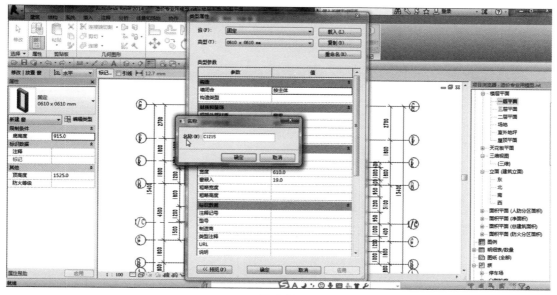

图 1-21

参数	值
窗嵌入	19.0
粗略宽度	
粗略高度	
标识数据	
注释记号	
型号	
制造商	
类型注释	
URL	
说明	
部件说明	
部件代码	
类型标记	C1215
成本	
OmniClass 编号	23.30.20.17.11
OmniClass 标题	Fixed Windows
IFC 参数	
操作	
分析属性	
分析构造	1/8 英寸 Pilkington 单层玻璃
传热系数(U)	3.6806 W/(m²·K)
热阻(R)	0.2711 (m²·K)/W

图 1-22

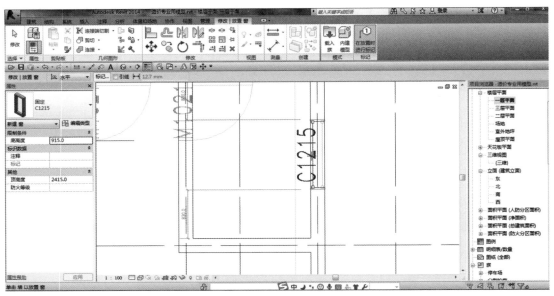

图 1-23

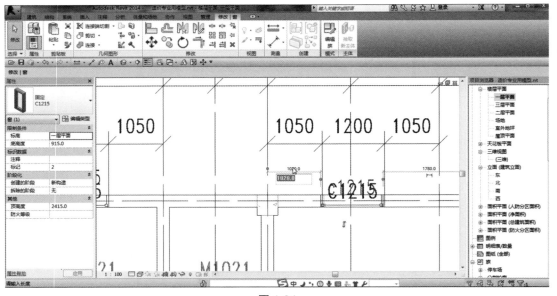

图 1-24

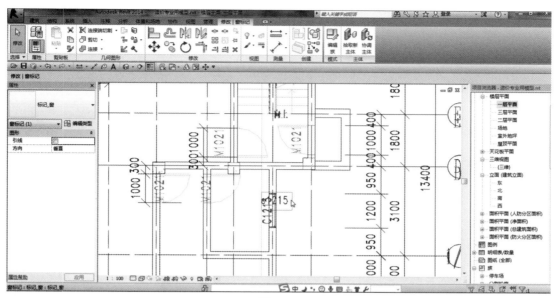

图 1-25

插入门的操作与插入窗户相同,新建不同门的样式(图 1-26),因为原文件中没有双扇门,故首先需要插入新的双扇门的族(图 1-27)。在模型中选择不同的门类型,将其插入合适的位置,插入完成后(图 1-28)调整好门的位置(图 1-29),门的插入就完成了。注意门的开启方向,按空格键可对门的开启方向和位置进行调整。然后切入三维模型中看效果,选择模型中的门,点击"编辑类型",将门的材质调整为合适的类型,勾选"使用渲染外观",点击"确定"(图 1-30),就完成了对门的材质的设置(图 1-31)。

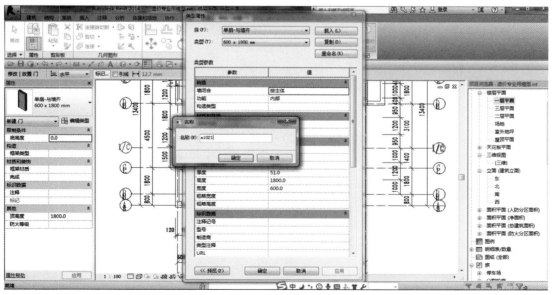

图 1-26

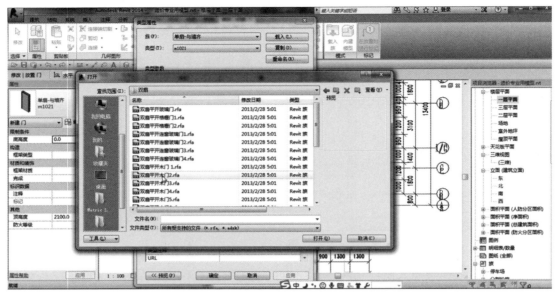

图 1-27

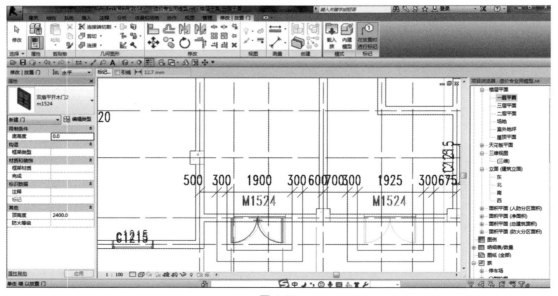

图 1-28

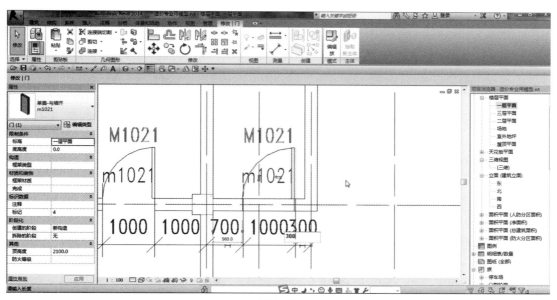

图 1-29

图 1-30

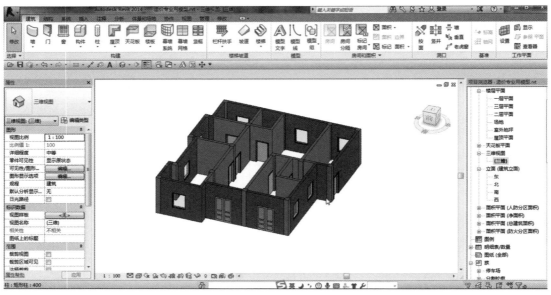

图 1-31

1.4　水平支撑体系

　　添加楼板。点击"楼板"（图 1-32），根据建筑的外轮廓勾画出楼板的形状（图 1-33）。然后调整楼板的参数，按照"复制""新建新的楼板类型""选择新的楼板类型"的顺序完成设置（图 1-34）。此外，绘制楼板还可以运用拾取墙的方式，但是要求墙体是连续的，因此在墙与柱子相接的地方会断开，需要在不同的时候选择合适的方式进行绘制。

水平支撑体系

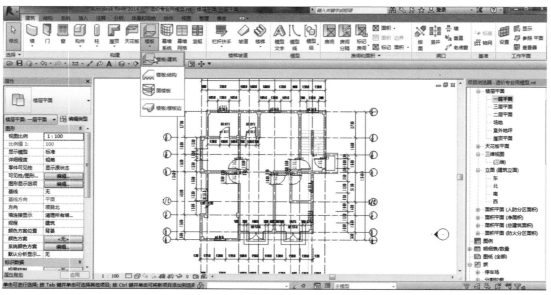

图 1-32

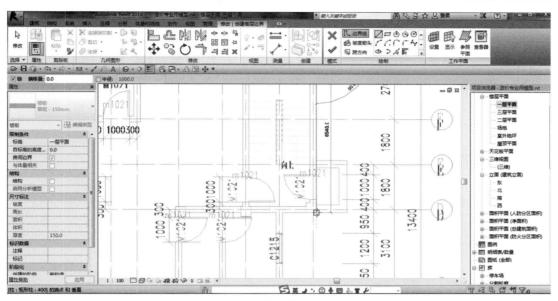

图 1-33

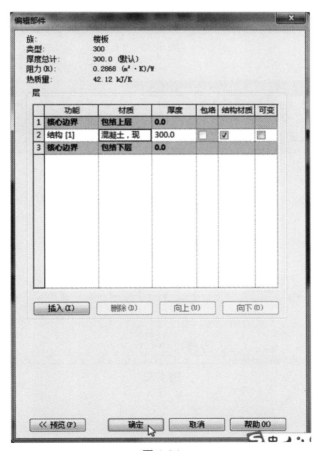

图 1-34

　　这样就完成了一层平面的绘制，按以上步骤重复操作，可完成二、三层平面的绘制。在绘制的时候，可复制一层的部分元素重复利用在二层。点击"一层平面"，全选模型，点击"过滤器"，勾选需要的类别，点击"确定"（图 1-35），点击"复制到粘贴板"（图 1-36），点击"粘贴"，选择"与选定的视图对齐"（图 1-37），复制到二层平面（图 1-38），就完成了图形的复制。对其进行编辑和完善，完成二、三层平面的绘制（图 1-39）。

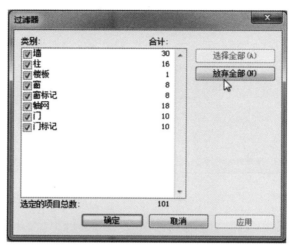

图 1-35

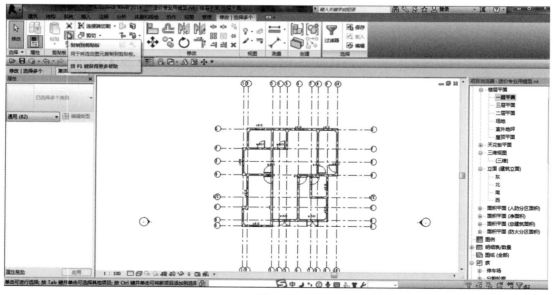

图 1-36

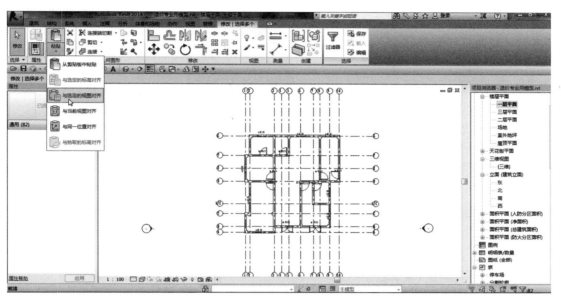

图 1-37

图 1-38

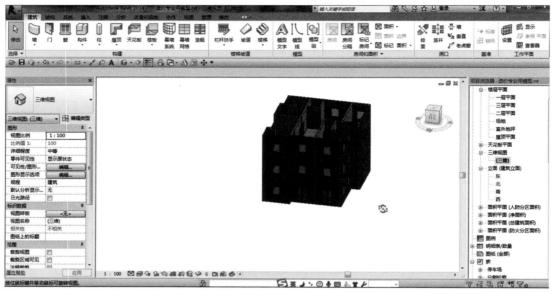

图 1-39

1.5　垂直交通体系

绘制楼梯。首先绘制出楼梯的中心线作为参考线(图 1-40),点击"建筑"中的"楼梯",点击"楼梯(按草图)"(图 1-41),在左侧填入宽度、踏板宽度等,在图形中点击楼梯的起步和止步位置(图 1-42),点击"完成"即可。在"三维视图"中点击"剖面",下拉剖面箭头的位置至一层,就可以看出楼梯的形态(图 1-43)。然后点击平面图,点击视图中的"剖面",在平面图中放入剖切位置,在右侧窗口的"剖面(建筑剖面)"中点击"剖面 1",就生成了楼梯剖面图

垂直交通体系

(图 1-44),再点击左侧窗口中的"多层顶部标高",选择"三层平面",就复制出三层的剖面图(图 1-45)。接下来需要在楼梯间开洞,有两种方法:(1)对每层的楼板进行裁剪;(2)运用竖井工具进行开洞,点击"建筑"中的"竖井"功能(图 1-46),描绘出竖井的轮廓,在三维模式中调整竖井的高度,就生成了竖井(即楼梯间的开洞)(图 1-47)。最后在楼梯的横断部分增加栏杆,在"建筑"中点击"栏杆扶手"(图 1-48),通过编辑路径可准确放置栏杆(图 1-49)。

绘制屋面。点击"建筑"—"屋顶"—"迹线屋顶"(图 1-50),运用拾取线的功能选择屋顶的轮廓线(图 1-51)。选择完成后在左侧窗口中调整屋面的参数(图 1-52),切换至三维视图,可对比原屋面与实际不符的情况,选择"屋顶平面",点击"编辑迹线",将需要调整的屋面边线勾选掉"定义坡度"(图 1-53)。再切换至三维视图,发现墙面和屋面间有缝隙(图 1-54),将三层平面中的墙、柱选中,点击"附着顶部 / 底部"(图 1-55、图 1-56),然后在三维视图中选择屋顶(图 1-57),屋面的绘制就完成了。

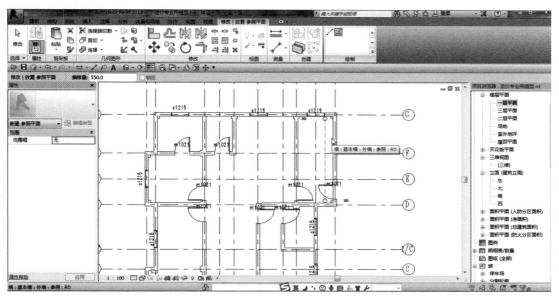

图 1-40

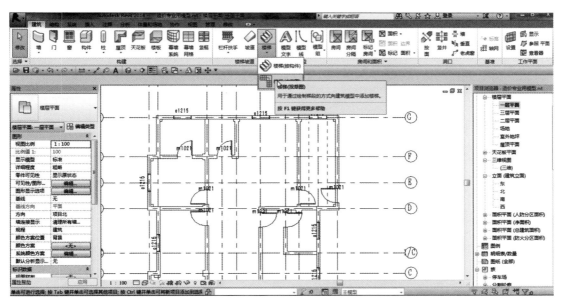

图 1-41

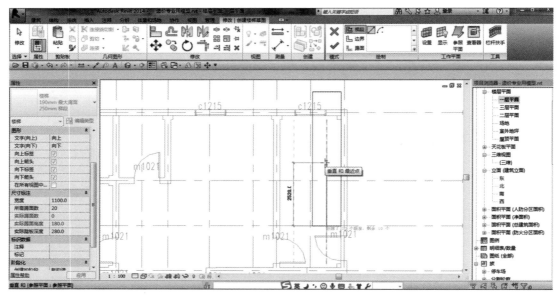

图 1-42

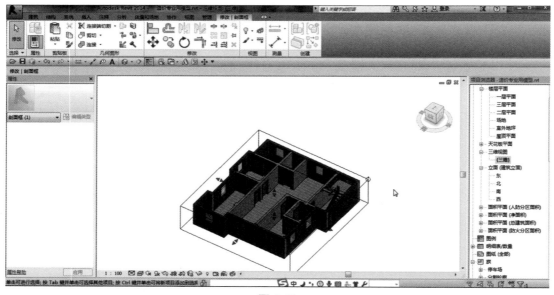

图 1-43

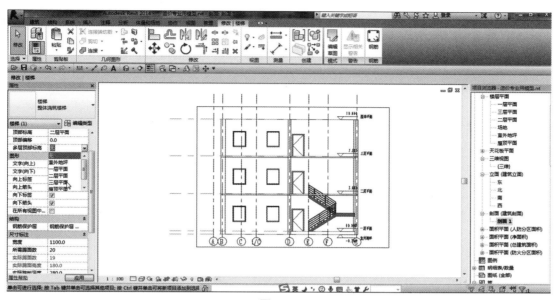

图 1-44

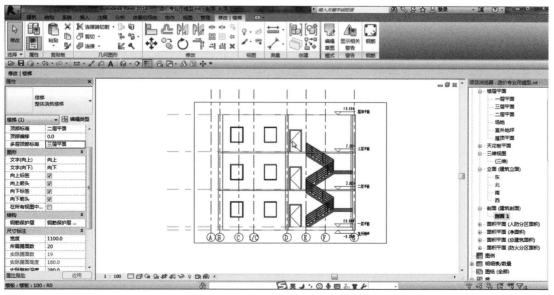

图 1-45

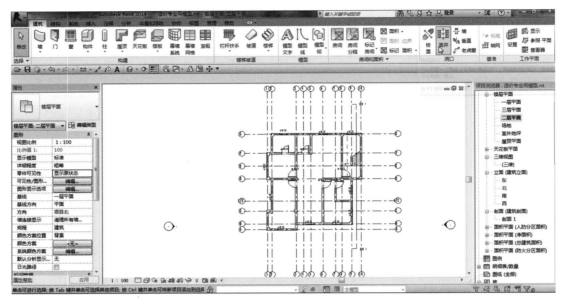

图 1-46

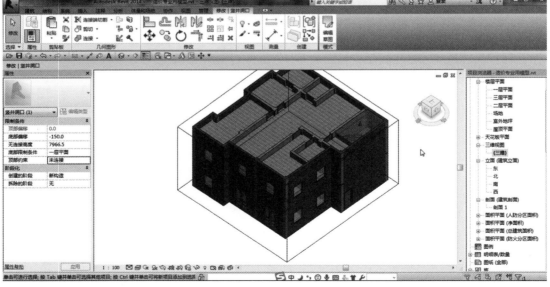

图 1-47

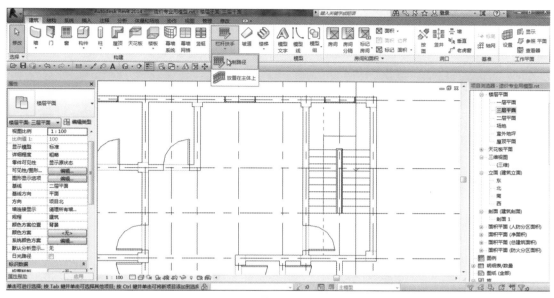

图 1-48

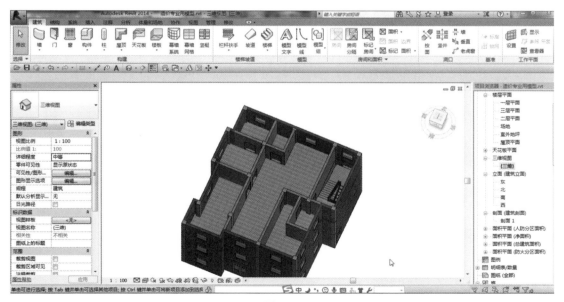

图 1-49

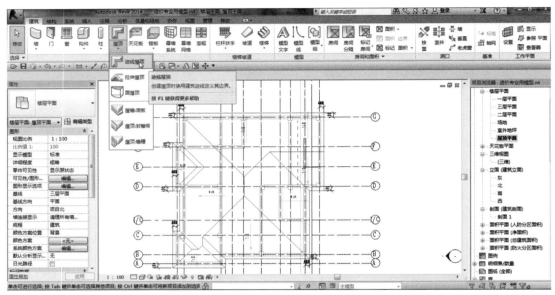

图 1-50

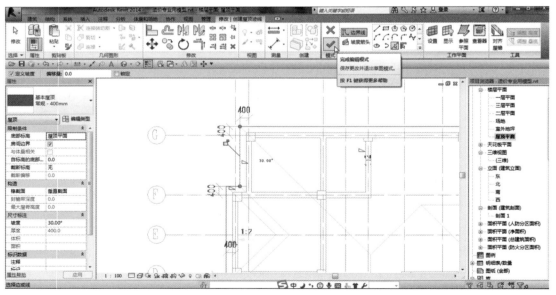

图 1-51

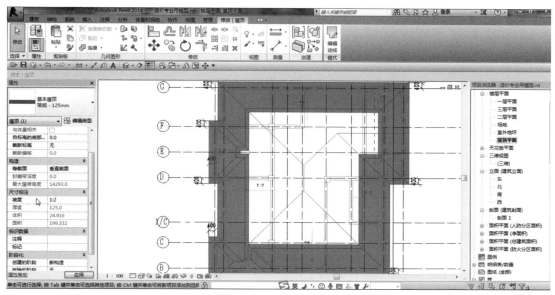

图 1-52

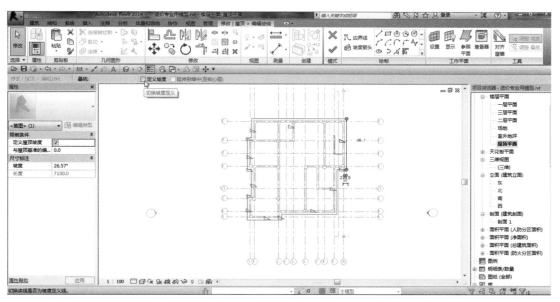

图 1-53

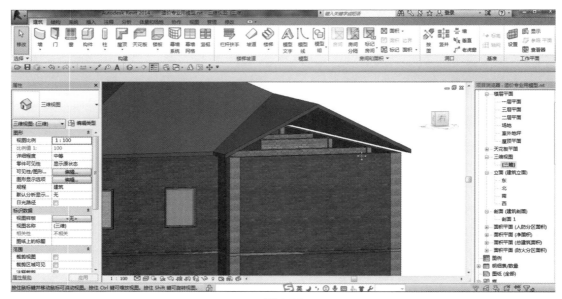

图 1-54

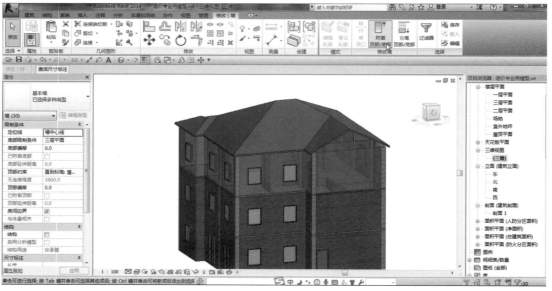

图 1-55

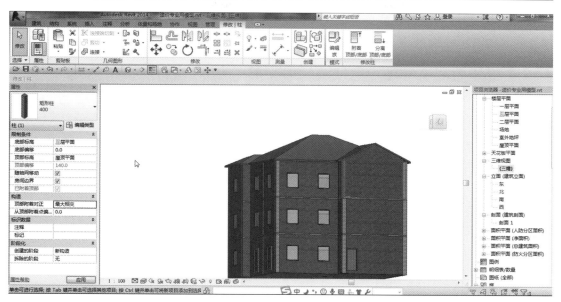

图 1-56

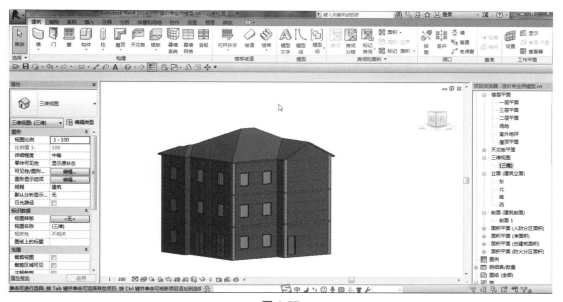

图 1-57

1.6 建筑附属部分

最后,需要完善图形中的其他构件。

首先是一层平面图中的室外踏步,因为踏步的形状较为灵活且数量较少,在这里建议运用楼板功能来进行绘制。选择"楼板"工具,描绘出踏步的

建筑附属部分

轮廓,然后将楼板的参数调整至准确(图 1-58),就完成了踏步的绘制;同理,采用相同的操作完成其他踏步的绘制,最后拼接成完整的踏步(图 1-59)。

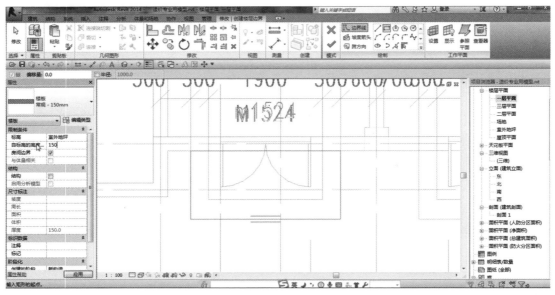

图 1-58

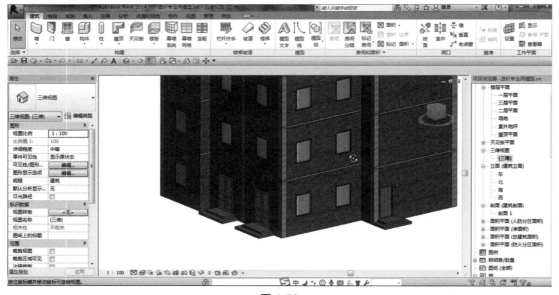

图 1-59

　　然后增加场地,点击"楼层平面"中的"场地",选择场地层,先运用"参照平面"绘制出场地的参考范围(图 1-60),点击"体量和场地"中的"地形表面"(图 1-61),选择"放置点",依次点击需要生成的场地范围的交点,就生成了场地(图 1-62)。选择"场地",点击"编辑表面",将交点的"高程"改成"-300",点击"√"(图 1-63)。最后点击场地左侧"材质"的下

拉箭头,调整场地的材质,勾选"使用渲染外观",点击"确定"(图 1-64),就能生成合理的场
地(图 1-65)。

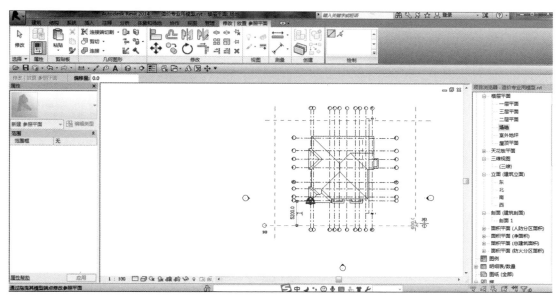

图 1-60

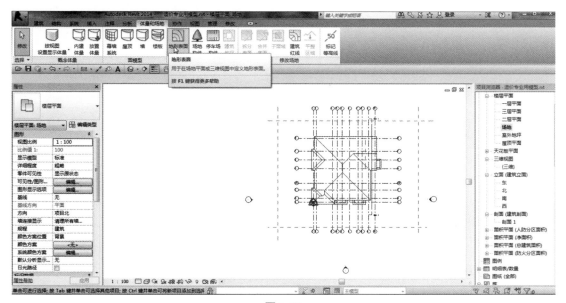

图 1-61

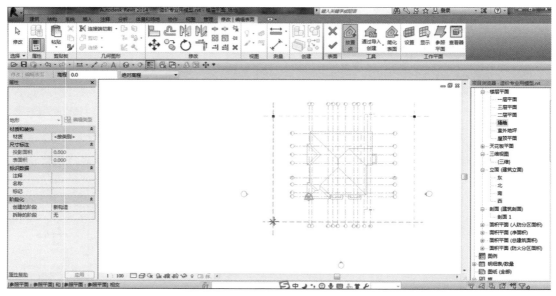

图 1-62

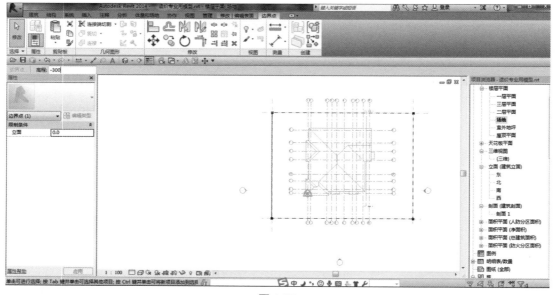

图 1-63

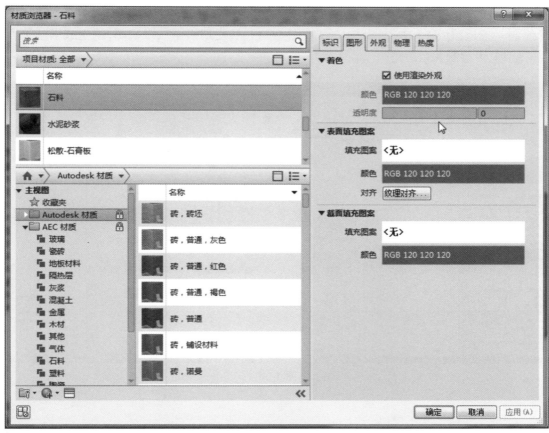

图 1-64

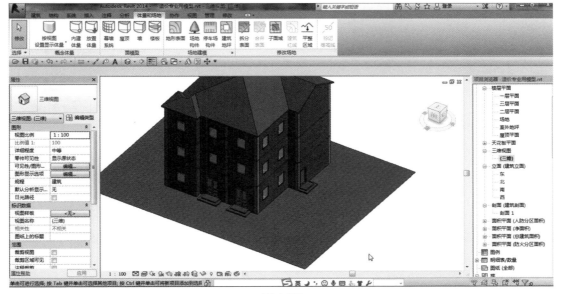

图 1-65

　　最后增加道路，在"场地"楼层中运用"体量和场地"中的"建筑地坪"（图 1-66），选择矩形绘制一条道路（图 1-67），调整其标高（图 1-68），然后切换至三维视图，就生成了一条道路。同理，可绘制其余道路。

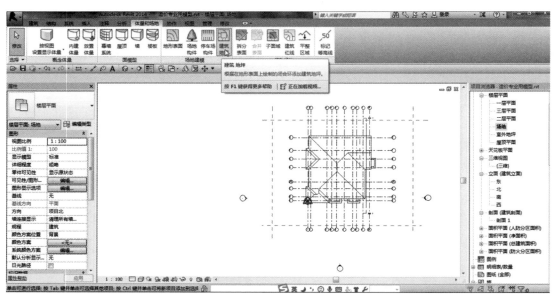

图 1-66

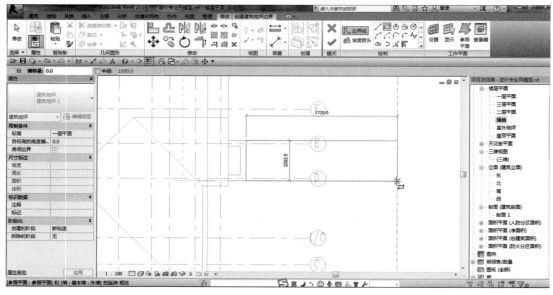

图 1-67

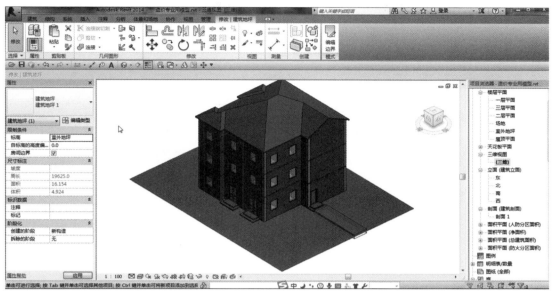

图 1-68

　　同样,可利用"停车场构件"完成车位的布置(图 1-69、图 1-70)。利用"子面域"进行场地的分割,但是不剪切场地,分割完成后可单独进行场地的编辑(图 1-71、图 1-72)。可利用"族"在场地中添加植物、汽车等配景。

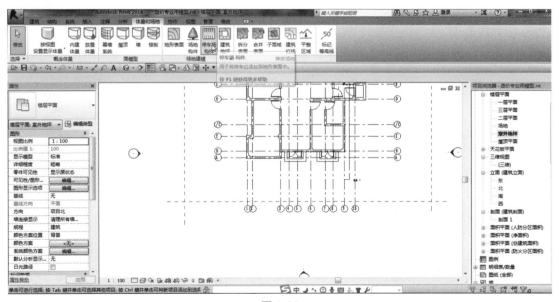

图 1-69

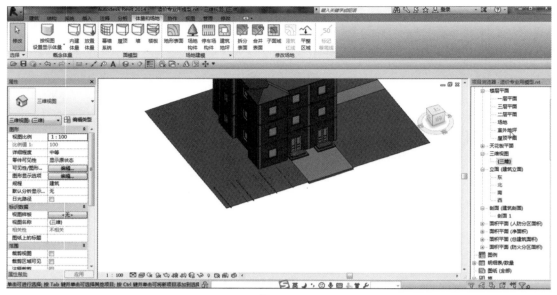

图 1-70

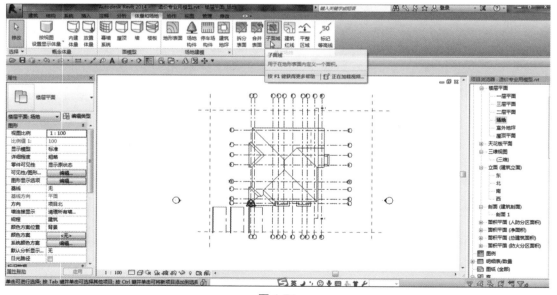

图 1-71

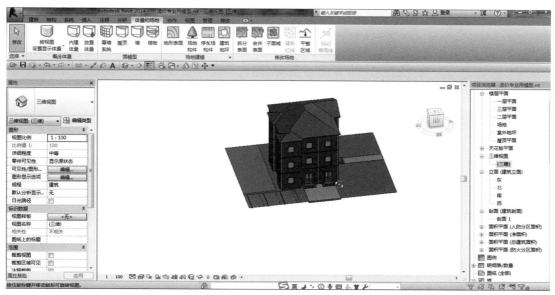

图 1-72

对建筑地坪进行场地的区分,选择"建筑地坪"(图 1-73),然后描绘出建筑地坪的边线(图 1-74),点击"确定",就可生成建筑地坪。

这样就完成了一栋小建筑的绘制(图 1-75)。

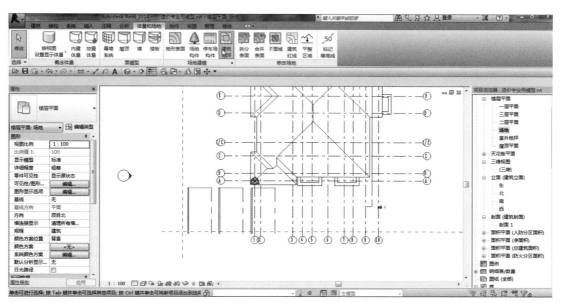

图 1-73

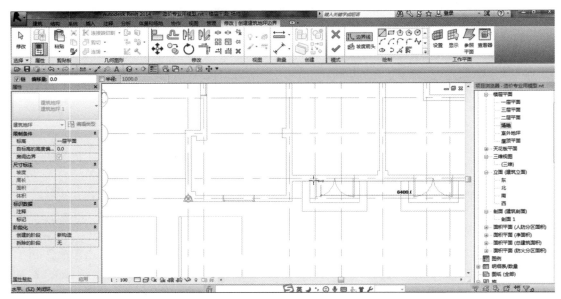

图 1-74

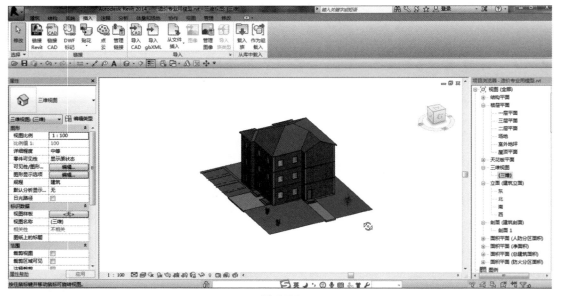

图 1-75

第 2 章 项目模型的信息提取

我们接着对模型做一个统计,用第 1 章的模型进行示范。工程量的统计从传统意义上看是比较大的难点。有了 Revit 模型以后,利用模型算出的不同类型的工程量,与实际计算出来的量基本吻合;若 Revit 模型建立准确的话,则算出来的量基本就是准确的量。

2.1 创建图纸

图纸的创建,在"视图"中点击"图纸"按钮(图 2-1),选择 A1 图纸(图 2-2);新建之后,可以看到"出图记录"中的表格是无法编辑的,需进入"明细表"中进行编辑(图 2-3、图 2-4)。同时,其他信息除了可在图框中直接编辑以外,还可进入"管理"中的"项目信息"进行编辑,两边的信息相互联动(图 2-5)。图框中的信息若为族,则可在左侧的属性栏中直接进行编辑(图 2-6)。

创建图纸

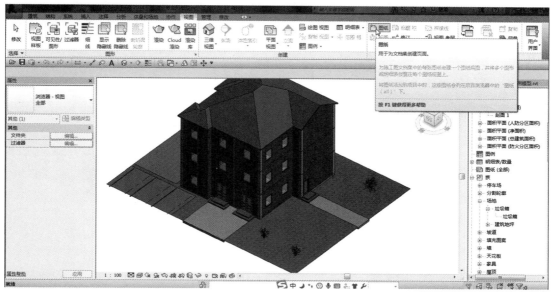

图 2-1

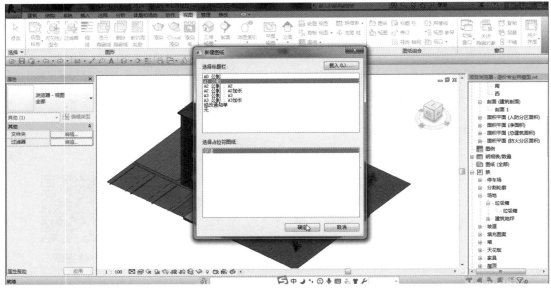

图 2-2

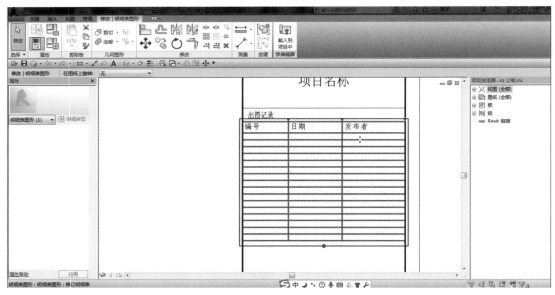

图 2-3

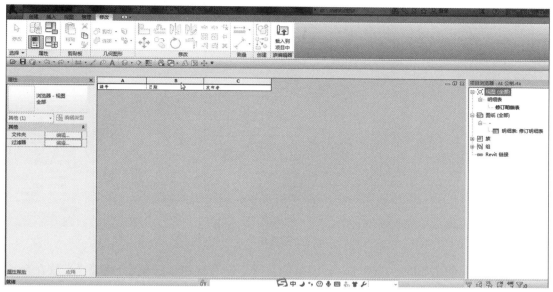

图 2-4

图 2-5

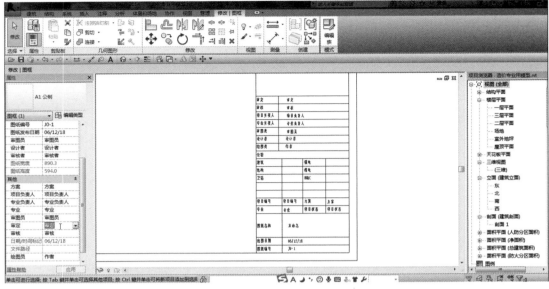

图 2-6

　　图纸布局,将右侧的一层平面图,用鼠标左键点击直接拖入图框中(图 2-7),放在合适位置(图 2-8)。模型文件与图纸文件相互联动,若修改模型文件,则图纸中的文件相应更新。

　　调整图纸的标号,若再次新建图纸,则图纸编号会自动变化(图 2-9)。在左侧"视口"栏点击"编辑类型",对布图的内容进行编辑(图 2-10)。

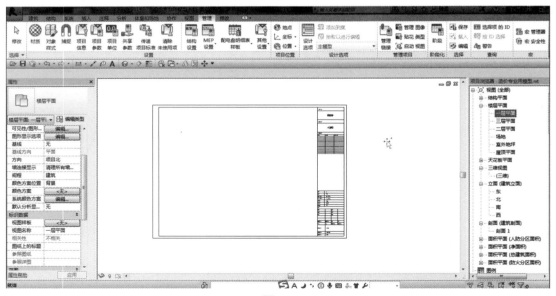

图 2-7

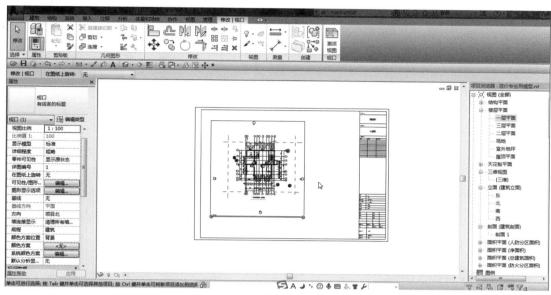

图 2-8

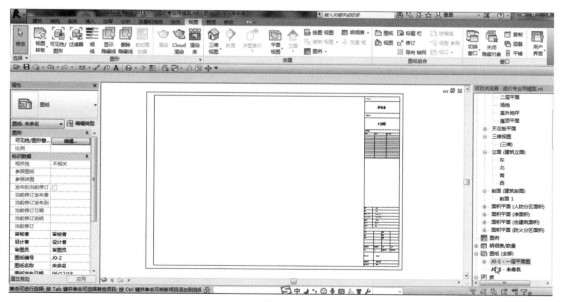

图 2-9

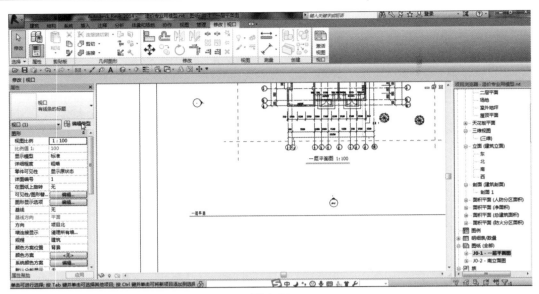

图 2-10

2.2　墙的信息提取

　　明细表需要放在图纸中,点击"视图"—"明细表"—"明细表/数量"
(图 2-11),出现"新建明细表"对话框,选择"墙",点击"确定"(图 2-12),出
现"明细表属性"对话框。对于该属性对话框,需要进行详细的介绍。首先看
"字段"(图 2-13),字段即可统计的类型,在下方"选择可用的字段"中,有"墙体""结构材
质""分析"等内容,可根据不同的内容进行统计。例如,选择"墙"中的"体积""厚度""族与
类型""吸收率""合计",点击"添加"按钮,再点击"确定",就会出现墙明细表(图 2-14)。

墙的信息提取

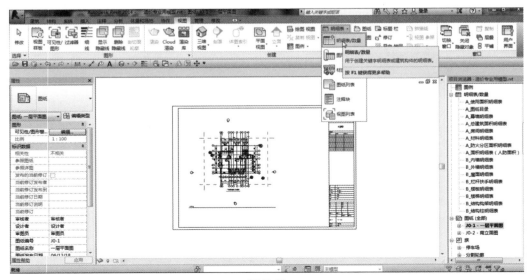

图 2-11

图 2-12

图 2-13

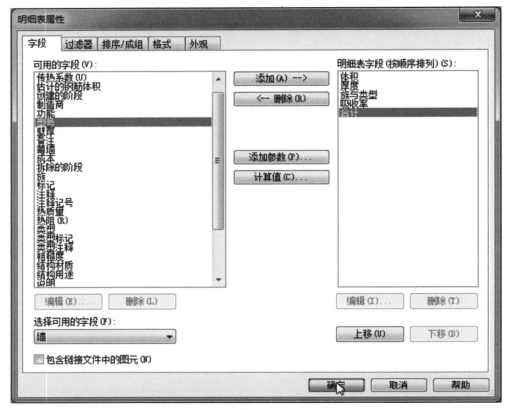

图 2-14

2.3　信息的编辑

若要对明细表进行编辑,可点击左侧"其他"—"编辑",就会出现"明细表属性"对话框(图 2-15),就可以对明细表进行编辑了。若需要增加其他统计内容(新增),可点击中间的"添加参数"(图 2-16),确定好参数(如增加"颜色"),点击"确定",就增加了"颜色"类型的统计(图 2-17)。点击图 2-17 中的"确定"后,可看到颜色的统计是空白的,若要对颜色进行统计,可在明细表的具体表格中添加。例如在表格中,点击颜色一列的空白格(图 2-18),就会出现材质浏览器按钮,在其中进行选择,就可以指定一面墙的材质。这一操作只能修改特定的墙体,如果想批量统计,可以在平面图中选择墙体,在属性栏的"材质和装饰"的"颜色"中进行添加(图 2-19),就可以将同一类型的墙全部统计在明细表(图 2-20)中。

信息的编辑

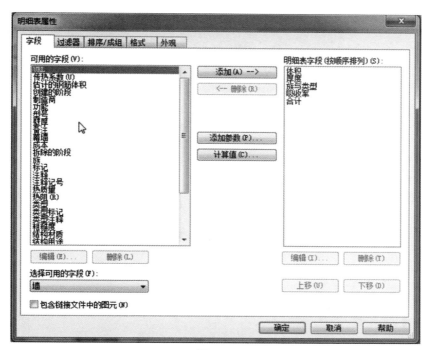

图 2-15

图 2-16

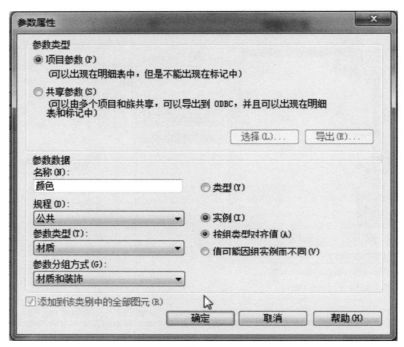

图 2-17

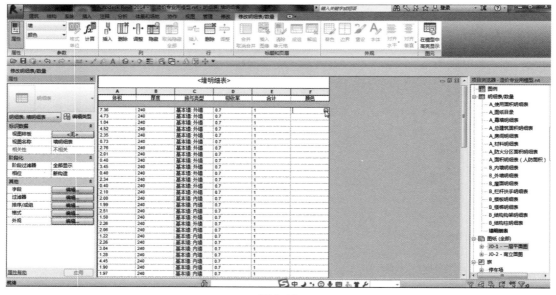

图 2-18

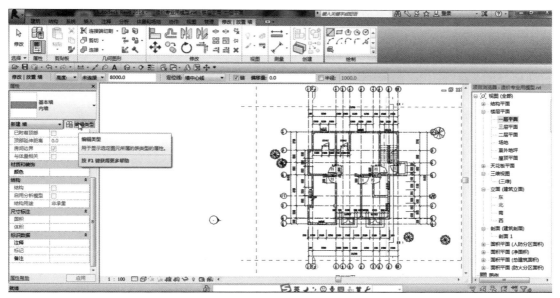

图 2-19

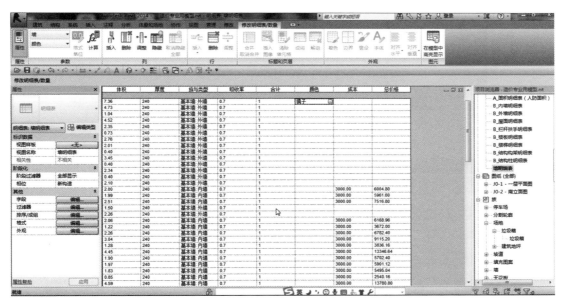

图 2-20

2.4　明细表属性

明细表属性

　　"明细表属性"对话框中还有"计算值"按钮,用左键点击它可出现"计算值"对话框,新建"总价格",可利用公式进行计算,类型调整为"体积",点击公式右侧按钮可以选择公式的选项,并用计算符号联系,例如

"体积 * 成本"，点击"确定"。在墙体中填入墙体的数值，即可计算出总价格。

　　"明细表属性"对话框的第二栏是"过滤器"，它可对明细表内容进行有条件的过滤（如图 2-21 ）。例如在过滤条件中选择"体积""大于或等于"，点击"确定"，则出现的明细表是过滤掉这一条件的内容（图 2-22 ）。

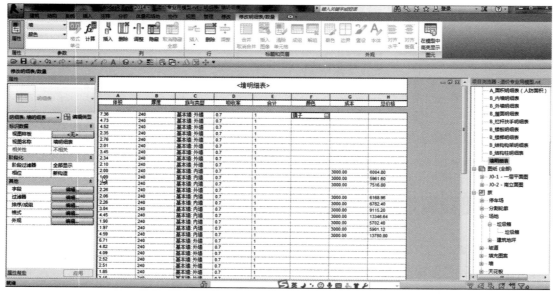

图 2-21

图 2-22

　　"明细表属性"对话框的第三栏是"排序／成组",它可对明细表内容进行排序。例如对"体积"选择"升序",点击"确定",则出现的明细表是按体积进行排序的(图 2-23)。同时还可以按照多条件进行排序(图 2-24)。

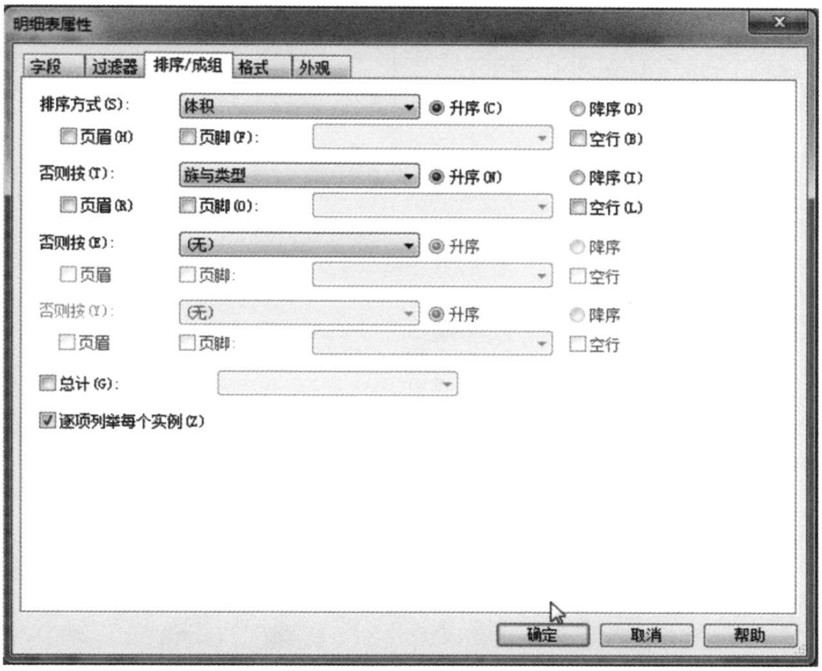

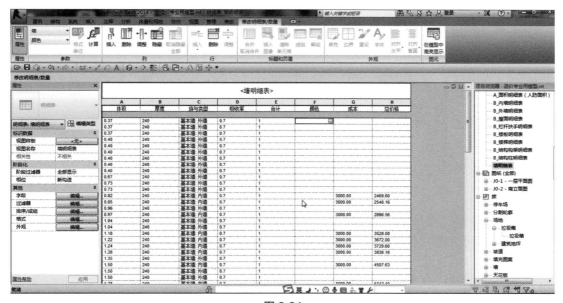

图 2-23

图 2-24

　　"明细表属性"对话框的第四栏是"格式"（图 2-25），例如选择"体积"，对"字段格式"进行编辑，然后对"条件格式"进行编辑，例如将大于或等于 5 的字段格式填成红色（图 2-26、图 2-27）。

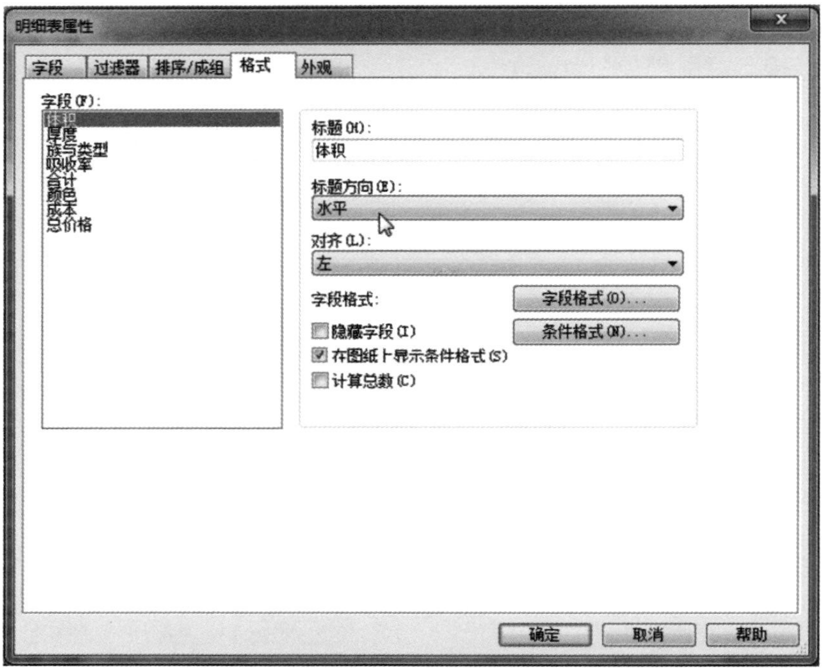

图 2-25

图 2-26

　　"明细表属性"对话框的第五栏是"外观"（图 2-28），它可对图形和文字等进行编辑，如对图形中的"网格线""轮廓"，文字中的"标题文本""标题""正文"等进行编辑（图 2-29）。

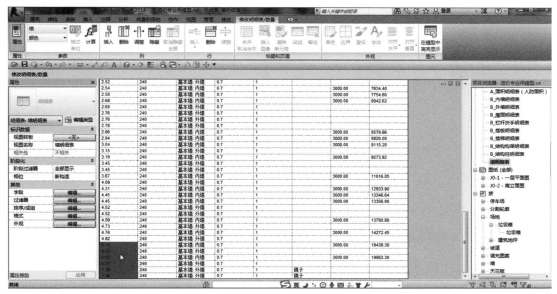

图 2-27

图 2-28

图 2-29

明细表无法缩放，而且图纸中没有比例。若想调整为想要的比例，可在明细表的视图样板中调整，然后在"编辑类型"中选择需要的明细表样板。

2.5　门窗表的建构

在设计中经常会用到门窗表。下面介绍如何新建一个门窗明细表。选择窗户类型，在"明细表属性"中选择"底高度""族""族与类型""标高""类型标记"等，点击"确定"（图2-30），就生成了窗明细表。然后在"排序／成组"的"排序方式"中选择"族与类型"，选择"仅总数"的统计（图2-31），就能统计出总数。按照上述步骤建立门的明细表，在"明细表属性"中选择"宽度""底高度""族与类型""类型标记""高度"等，在"排序／成组"的"排序方式"中选择"族与类型""页眉""页脚""标题、合计和总数"，点击"确定"（图2-32），则出现新的明细表。若选中"总计"，就会出现合计的个数。若选中"逐项列举每个实例"，则会出现汇总的明细表（图2-33）。

门窗明细表

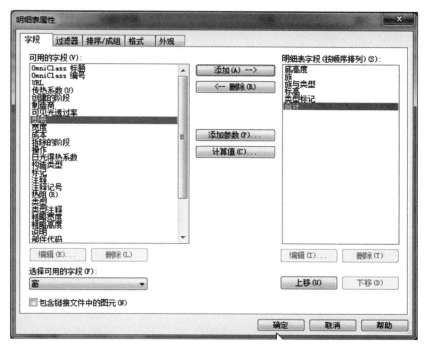

图 2-30

图 2-31

图 2-32

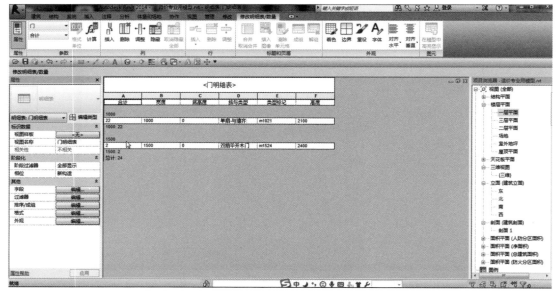

图 2-33

2.6　整合应用技巧

整合应用拓展

　　下面来看一道 BIM 认证考试真题（图 2-34）。需要生成如下明细表
（图 2-35），要求见图。

一、根据所给的图纸，完成以下任务。其中所有柱高 F1= ± 0.000，顶标高 F2=3.000 m。
（15 分）
（1）创建构件集：预制 - 矩形柱，并创建共享参数文件，保存为"预制结构柱信息 .txt"。组名
为"预制构件"。添加共享参数：构件厂、构件编码、构件安装单位和构件每立方米出厂价格，
并按柱平面布置图放置预制 - 矩形柱。
（2）创建明细表。首先将共享参数赋予预制结构柱，并按照明细表填写参数值；最后创建明
细表"预制结构柱成本汇总表"，包含计算值字段：构件总成本，将模型文件以"共享参
数 . × × ×"为文件名保存到考生文件夹中。

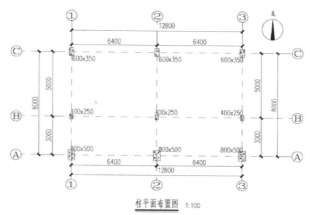

柱平面布置图　1:100

图 2-34

<预制结构柱成本汇总表>

A	B	C	D	E	F	G	H	I	J
底部标高	族	类型	结构材质	体积	构件厂	构件编码	构件安装单位	构件每立方米出厂价格	构件总成本
800x500									
F1	预制-矩形柱	800x500	混凝土 - 预制混凝土 - 35 MPa	1.20 m²	大连XX混凝土预制构件厂1	114001	大连XX建工集团	¥3000	3600.00
F1	预制-矩形柱	800x500	混凝土 - 预制混凝土 - 35 MPa	1.20 m²	大连XX混凝土预制构件厂1	114002	大连XX建工集团	¥3000	3600.00
F1	预制-矩形柱	800x500	混凝土 - 预制混凝土 - 35 MPa	1.20 m²	大连XX混凝土预制构件厂1	114003	大连XX建工集团	¥3000	3600.00
800x500: 3									
									10800.00
600x350									
F1	预制-矩形柱	600x350	混凝土 - 预制混凝土 - 35 MPa	0.63 m²	大连XX混凝土预制构件厂2	115001	大连XX建工集团	¥3200	2016.00
F1	预制-矩形柱	600x350	混凝土 - 预制混凝土 - 35 MPa	0.63 m²	大连XX混凝土预制构件厂2	115002	大连XX建工集团	¥3200	2016.00
F1	预制-矩形柱	600x350	混凝土 - 预制混凝土 - 35 MPa	0.63 m²	大连XX混凝土预制构件厂2	115003	大连XX建工集团	¥3200	2016.00
600x350: 3									
									6048.00
400x250									
F1	预制-矩形柱	400x250	混凝土 - 预制混凝土 - 35 MPa	0.30 m²	大连XX混凝土预制构件厂3	116004	大连XX建工集团	¥3300	990.00
F1	预制-矩形柱	400x250	混凝土 - 预制混凝土 - 35 MPa	0.30 m²	大连XX混凝土预制构件厂3	116005	大连XX建工集团	¥3300	990.00
F1	预制-矩形柱	400x250	混凝土 - 预制混凝土 - 35 MPa	0.30 m²	大连XX混凝土预制构件厂3	116007	大连XX建工集团	¥3300	990.00
400x250: 3									
总计: 9									2970.00
									19818.00

图 2-35

　　新建项目，打开建筑样板。首先编辑立面图中的标高，改为 3 m，然后建立轴网（图
2-36）。

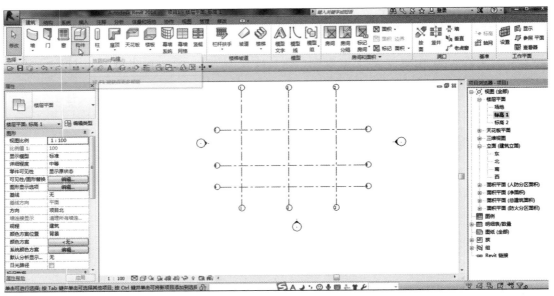

图 2-36

　　放置柱子。在右侧"族"中选择柱子,将其拉进模型中,点击左侧的"编辑类型",对形状进行编辑,然后将材质选择为混凝土,放置在模型中,按空格键可以切换柱子的方向。对柱子进行复制,完成其他柱子的建立（图 2-37）。

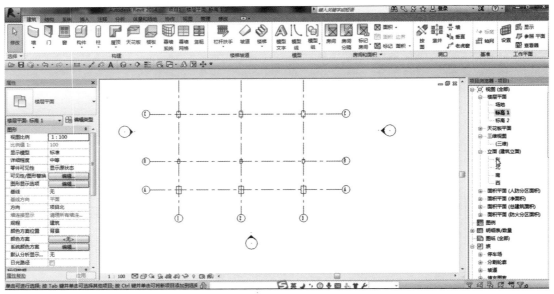

图 2-37

　　创建共享参数文件。点击"管理"—"共享参数"（图 2-38）,选择好保存位置,新建组,点击"组"下方的"新建"（图 2-39）,创建文件名称"预制构件",然后点击"参数"下面的"新建"（图 2-40）,创建需要创建的参数（图 2-41）。在"构件每立方米出厂价格"中,"参数类型"选择"数值",而不是"文字"(图 2-42)。其他不同的参数选择不同的参数类型。

图 2-38

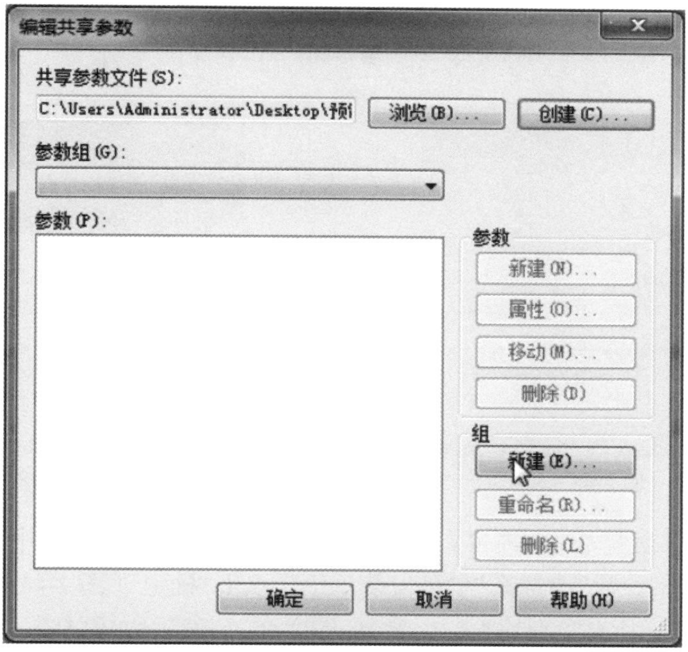

图 2-39

图 2-40

图 2-41

图 2-42

　　新建的共享参数需要在"项目参数"中进行载入。在"项目参数"中点击"添加"按钮（图 2-43），在"共享参数"中选择"构件安装单位"，点击"确定"（图 2-44）。在"参数数据"下勾选"类型"，表示所有类型均为一个参数（图 2-45）。然后选择"柱"，点击"编辑类型"，就能在"类型属性"对话框的"文字"下面编辑"构件安装单位"，在后面的空格中填入"大连××建工集团"（图 2-46），点击"确定"。所有柱子的参数都会变化。

图 2-43

图 2-44

图 2-45

图 2-46

点击"共享参数"选择"构件编码"，在"类别"中选择"柱"，勾选"实例"，点击"确定"（图 2-47）。然后选择一个柱子，在"文字"下面的"构件编码"中编辑它的编码（图 2-48）。每个构件需要分别单独编辑编码。

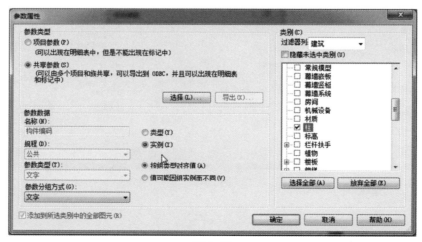

图 2-47

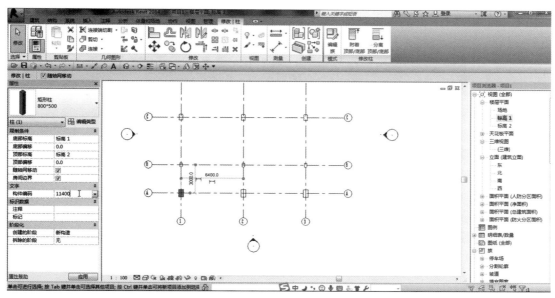

图 2-48

　　同理,可添加完成"构件厂""构件每立方米出厂价格"等内容。

　　创建明细表。首先新建明细表,名称为"预制结构柱成本汇总表",点击"确定"(图 2-49),然后在字段中,按照顺序添加"族""类型""体积""构件厂""构件编码""构件安装单位""构件每立方米出厂价格"(图 2-50)。

图 2-49

　　对形式进行编辑,点击左侧的"编辑"按钮,选择形式中的"排序 / 成组","排序方式"选择"类型",后面选择"降序",勾选"页眉""页脚","页脚"后面选择"标题、合计和总数",勾选下面的"总计";在第二项中选择"构件总成本",勾选"页脚",点击"确定"(图 2-51)。"构件总成本"因为需要计算公式,根据前面提到的新增"计算值",填写公式为"体积 * 构件每立方米出厂价格",最后点击"确定"(图 2-52)。

图 2-50

图 2-51

图 2-52

第 3 章　族的建构

3.1　创建房间标记族

创建房间标记族

使用房间标记族的前提是闭合的房间,它与房间明细表中的参数对应,为房间明细表的统计提供方便。

首先,打开 Revit 软件,在"族"面板下选择"新建",在"注释"文件中选择"公制房间标记",点击"打开"进入"房间标记族"界面。

单击"创建"选项卡"文字"面板中的"标签"命令(图 3-1),在属性栏中点击"编辑类型",弹出"类型属性"对话框(图 3-2),在此对话框中可以对标签的类型、颜色、线宽、文字字体、文字大小、是否添加下画线等进行编辑,在此我们将文字字体改为"宋体"并添加下画线。

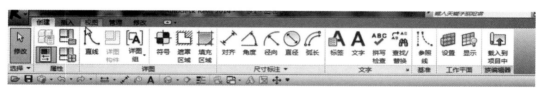

图 3-1

图 3-2

　　同时在"修改 | 放置标签"选项卡的"格式"面板中选择"居中对齐"和"正中","居中对齐"用于将文字左右居中,"正中"用于将文字上下居中(图 3-3),然后点击参照平面中间的交点,确定标签的放置位置(图 3-4),在弹出的"编辑标签"对话框中,在"类别参数"中将"名称"和"面积"添加到"标签参数"(图 3-5),当然也可以在"类别参数"框下方使用"添加参数"来添加其他参数,然后点击"确定"。

图 3-3

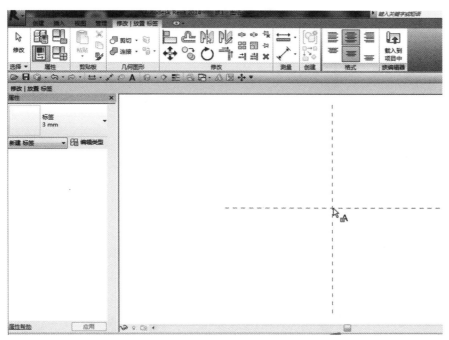

图 3-4

　　此时我们可以在绘图区域看到居中放置的标签,拖动标签两边的控制圆点,可以使标签多行显示,还可以选中绘图区中的标签,在属性栏中单击标签后的"编辑",弹出"编辑标签"对话框,选中"标签参数"框中的"面积",点击框下方的最右侧图标,弹出"格式"对话框可以编辑参数的单位,在此取消勾选"使用项目设置",否则参数单位将根据项目单位而定,然后选择"单位"为"平方米","单位符号"为"m²"(图 3-6),点击"确定",即完成房间标记族的创建。

　　然后可以将做好的房间标记族载入项目中进行测试,首先新建一个建筑项目,随意绘制连续墙体并添加门窗,形成几个房间(图 3-7),进入楼层平面"标高 1"视图,将刚才做好的房间标记族载入项目中。回到项目中,在"建筑"选项卡"房间和面积"面板中点击"房间"命令,此时可以将鼠标放置在绘图区域,对应房间将会自动生成房间标记(图 3-8),点击房间标记就可以更改参数,当然此处的房间面积一定不能更改,可以对房间进行命名(图 3-9)。

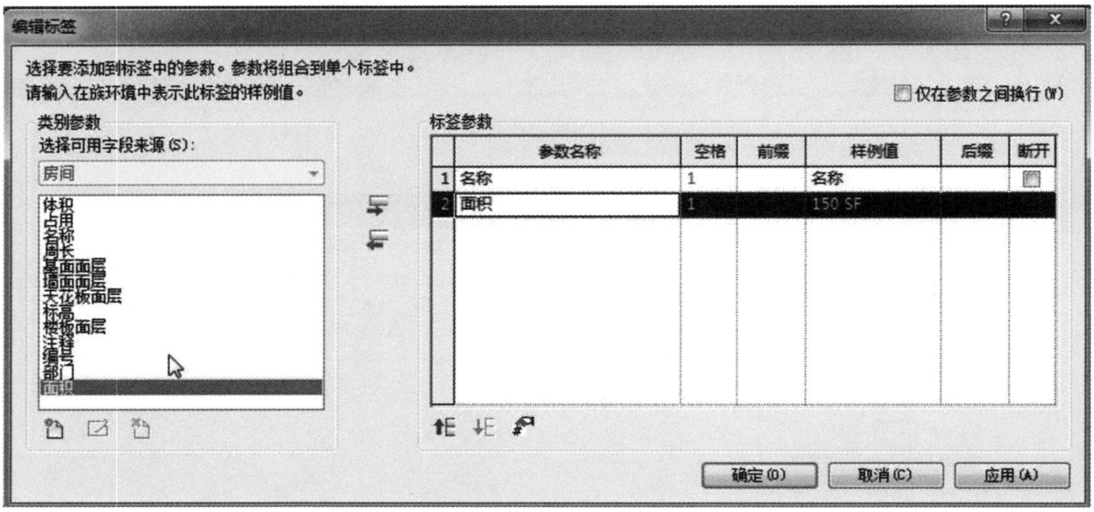

图 3-5

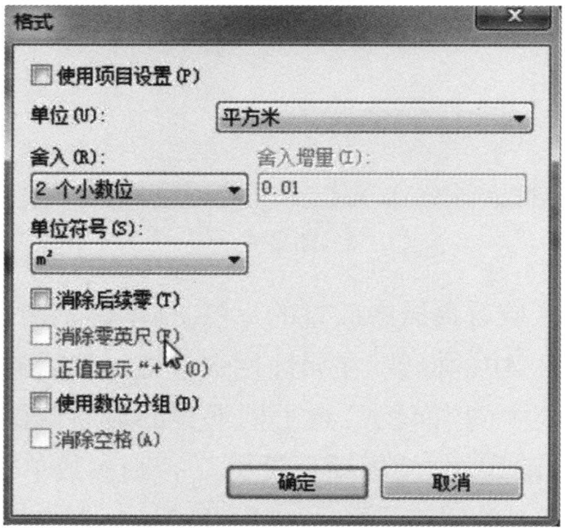

图 3-6

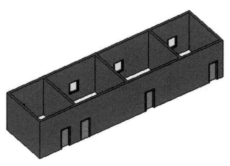

图 3-7

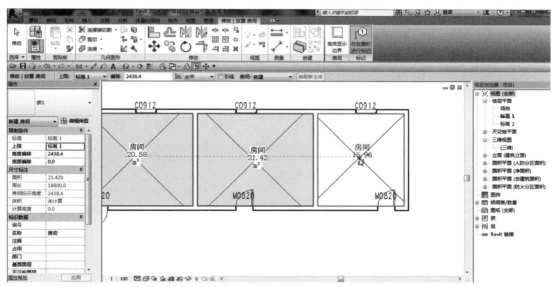

图 3-8

图 3-9

　　最后生成一个房间明细表，在"视图"选项卡下的"创建"面板中点击"明细表"下拉箭头，选择"明细表/数量"，在弹出的"新建明细表"对话框中，在"类别"中选择"房间"（图3-10），然后点击"确定"，在弹出的"明细表属性"对话框中，在"可用的字段"中将"名称"和"面积"添加到"明细表字段"（图 3-11），点击"确定"即可生成房间明细表（图 3-12）。

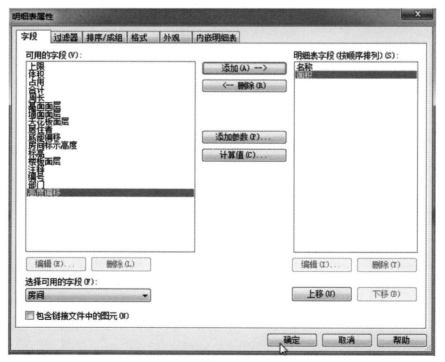

图 3-10

图 3-11

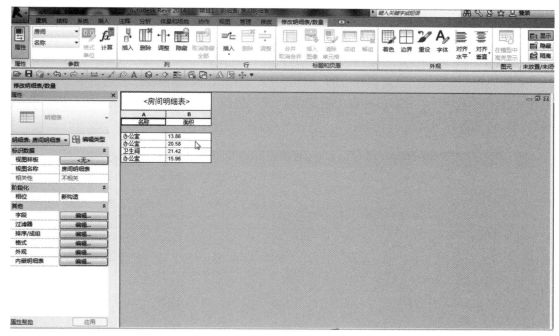

图 3-12

3.2　创建门窗标记族

创建门窗标记族与创建房间标记族的方法基本一样，只是创建门窗标记族时应打开相应的"公制窗标记"和"公制门标记"，其余步骤参见"房间标记族"的创建方法。

3.3　创建轮廓族

轮廓族主要包括主体轮廓族、分隔缝轮廓族、楼梯前缘轮廓族、扶手轮廓族、竖梃轮廓族，它们在载入项目中时，具有一定的通用性。绘制完轮廓族后，可以在"族属性"面板中选择"类别"和"参数工具"，然后在弹出的"族类别和族参数"对话框中设置轮廓族的用途，选择"常规"可以使该轮廓族在多种情况下使用，比如墙饰条、分隔缝，当轮廓用途选择墙饰条或者其他某一种时就只能在特定情况下使用。在绘制轮廓族的时候，可以为轮廓族的定位添加参

创建轮廓族

数，但添加的参数不能被载入项目中显示，修改参数在绘制轮廓族时仍起作用，所以定义的参数只有在为该轮廓族添加不同类型时有用。

下面绘制一个墙分隔缝。

打开一个"公制轮廓分隔缝"的族样板，使用"创建"选项卡下"详图"面板中的"直线"命令绘制一个矩形（图 3-13），此时要新建一个项目（选择"建筑样板"），并在项目中绘制几段墙体，然后将绘制的轮廓族载入项目中，选择三维视图，注意分隔缝是在墙身一定高度处，

所以在平面视图中无法添加，此时单击"建筑"选项卡"墙"下拉箭头，选择"墙:分隔缝"，就可以在绘图区域的墙上绘制分隔缝了。我们先随意添加一个（图 3-14），然后选中分隔缝，在属性栏可以调节分隔缝的标高与墙的偏移（这里的偏移是指相对于墙的内外偏移）（图 3-15），同样选中分隔缝，单击属性栏的"编辑类型"，在弹出的"类型属性"对话框中，可以选中刚才载入的轮廓族（图 3-16），选中分隔缝后，在"修改 | 分隔缝"选项卡下，也可以修改分隔缝的转角和删除分隔缝。

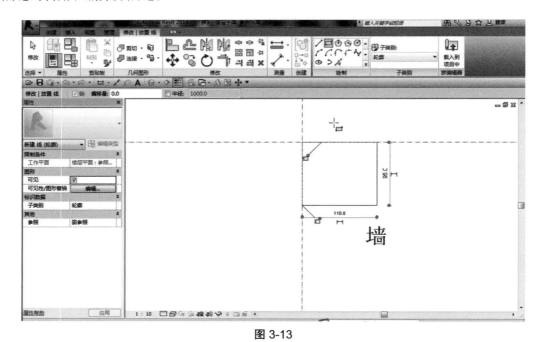

图 3-13

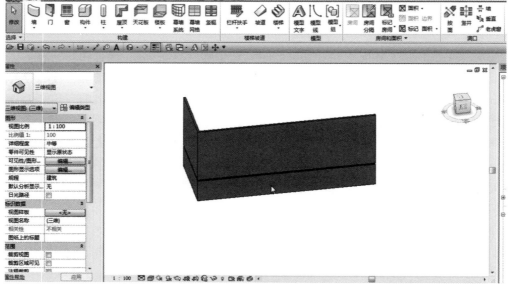

图 3-14

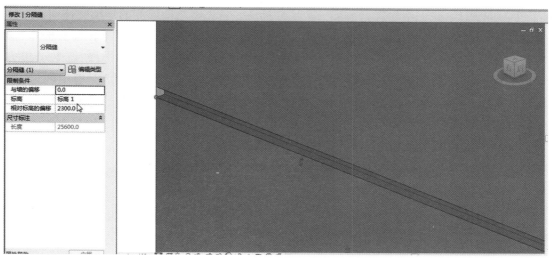

图 3-15

图 3-16

　　回到轮廓族,我们给轮廓族添加一个尺寸标注。首先将之前绘制的矩形整体向下平移 60,然后沿矩形上边缘绘制一个参考平面,并进行尺寸标注,点击"标签"下拉箭头选择"添加参数"（图 3-17）,在弹出的"参数"对话框中,添加"名称"为"高度",选择"参数分组方式"为"尺寸标注",点击"确定"（图 3-18）,点击"修改"选项卡下"属性"面板中的"族类型",在弹出的"族类型"对话框中,可以修改参数"高度"的值,也可以新建类型（图 3-19）。此处我们新建两个类型,高度分别设置为 60 和 20,载入项目中,就可以在"项目浏览器"的"轮廓族"中找到刚才载入的类型并调用（图 3-20）。

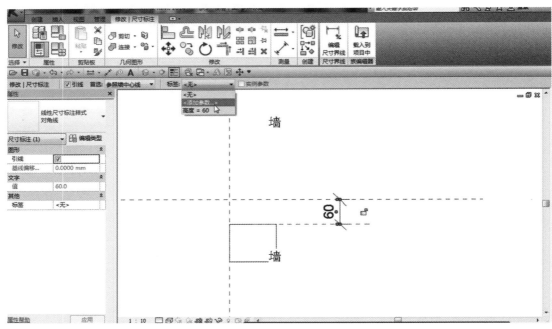

图 3-17

图 3-18

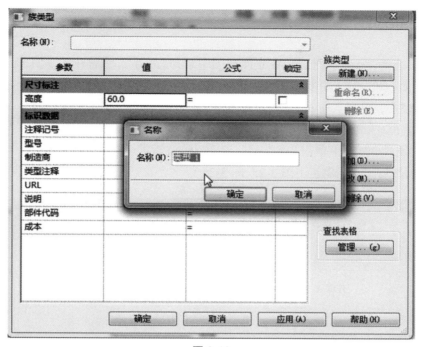

图 3-19

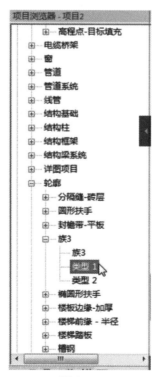

图 3-20

3.4　飘窗的建构

　　新建族，选择"公制窗"打开，在立面视图中选择"外部"，然后在图 3-21 所示位置添加两个参照平面（图 3-22），并标注控制飘窗的上下板厚，选中上下两个尺寸标注，在"标签"下拉列表中选择"< 添加参数...>"（图 3-23），在弹出的"参数属性"对话框中，添加"名称"为"板厚"，点击"确定"（图 3-24），在"修改"选项卡"属性"面板中单击"族类型"，在弹出的"族类型"对话框中，修改板厚为 60，然后点击"确定"（图 3-25、图 3-26）。

飘窗的绘制

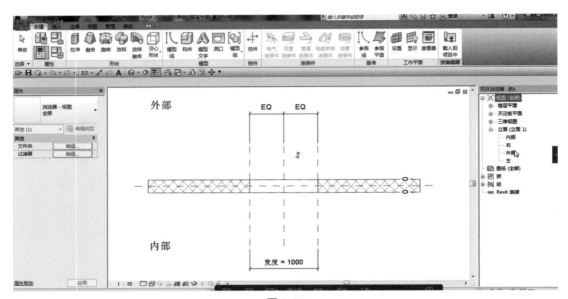

图 3-21

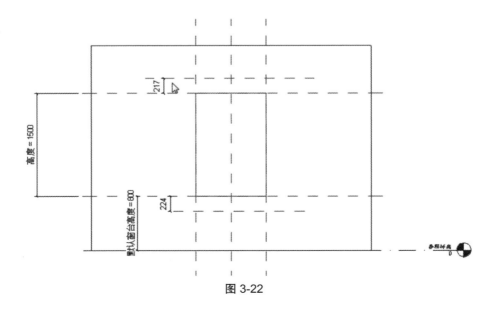

图 3-22

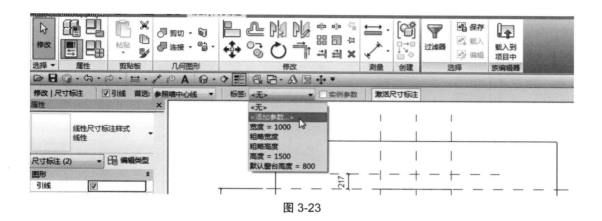

图 3-23

图 3-24

图 3-25

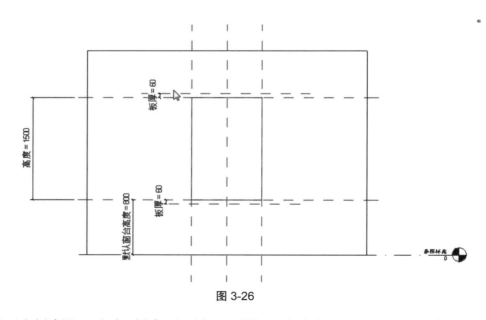

图 3-26

　　接下来创建洞口,点击"创建"选项卡下"形状"面板中的"空心形状",在下拉列表中选择"空心拉伸",在绘图区域绘制洞口形状并将四边锁定(图 3-27),切换视图为左或右立面,使绘制洞口与内外墙相交锁定(图 3-28),切换至三维视图,框选整个模型,用过滤器选择"洞口剪切"并删除,然后使用"修改"选项卡下"几何图形"面板中的"剪切"命令,先点击洞口外部再点击洞口内部,完成洞口创建(图 3-29)。

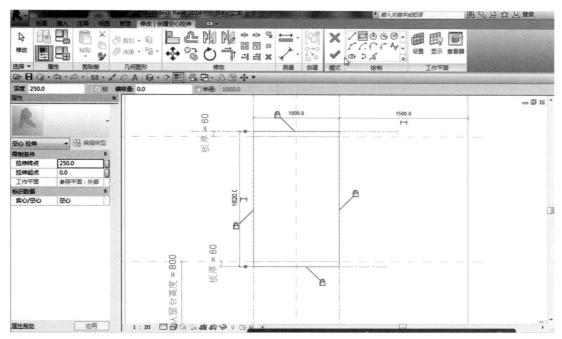

图 3-27

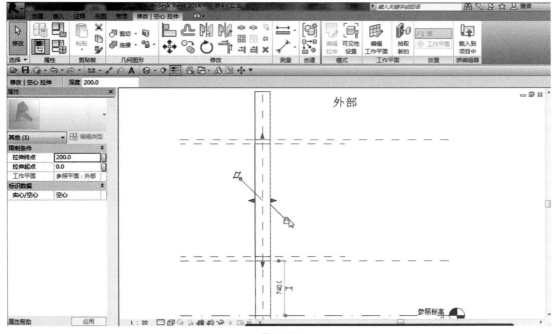

图 3-28

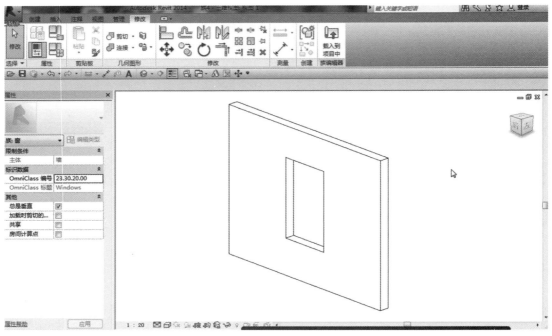

图 3-29

　　调整视图为立面外部视图，在洞口两侧添加参照平面并标注，然后选中两个新加的标注在"标签"栏下拉列表中选择"< 添加参数...>"，在弹出的"参数属性"对话框中，在"名称"栏输入"出挑宽度"，并点击"确定"，单击"属性"面板中的"族类型"，在弹出的"族类型"对话框中将"出挑宽度"设置为 120（图 3-30、图 3-31）。

图 3-30

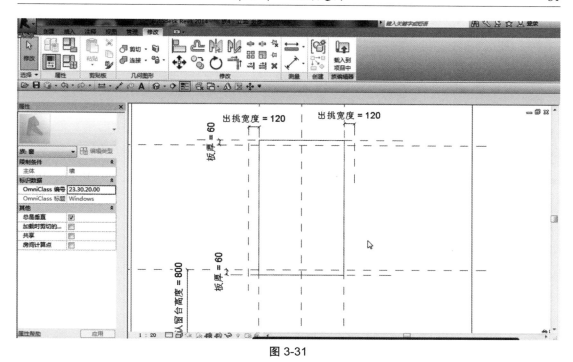

图 3-31

　　点击"创建"选项卡"形状"面板中的"拉伸"命令,绘制如图 3-32 所示上挑檐并与四边参照平面锁定,切换为"立面右视图",设置"属性"栏中的拉伸起点为 0,拉伸终点为 -500,完成上挑檐绘制,用同样的方法绘制下挑檐(图 3-33)。但此时出挑宽度载入项目后不能自由调整,因此可以给它添加一个参数"外飘宽度"。

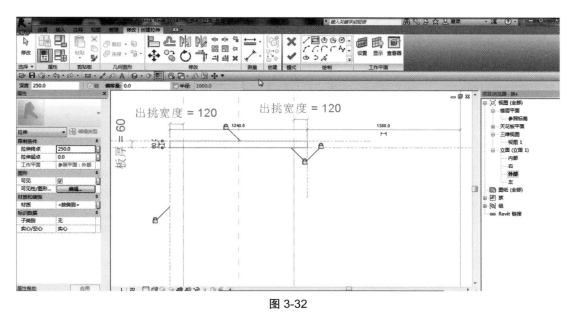

图 3-32

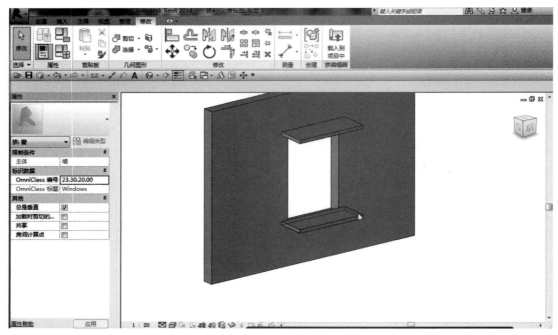

图 3-33

　　回到"立面右视图"，添加一个参照平面并标注尺寸，选中此标注，在"标签"下拉列表中选择"< 添加参数...>"，添加一个名为"外飘宽度"的控制参数，拖动之前创建的上下檐，使之与参照平面重合并锁定（图 3-34），通过"族类型"设置"外飘宽度"为 500（图 3-35）。

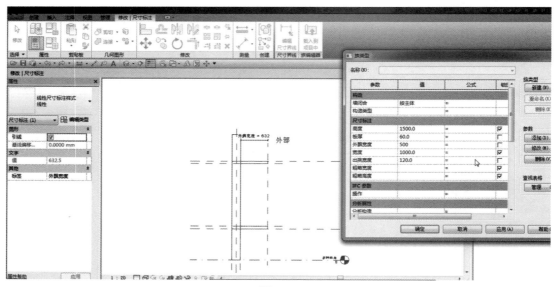

图 3-34

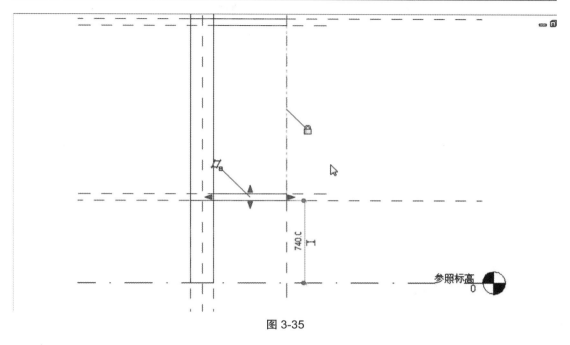

图 3-35

接下来绘制玻璃和窗框,回到"参照平面"视图,添加如图 3-36 所示三个参照平面,并进行尺寸标注,注意标注的是参照平面与参照平面的关系,而不是与线的关系,选中这三个标注,在"标签"下拉列表中选择"< 添加参数...>",在"参数属性"对话框中,设置"名称"为"玻璃安装宽度"(图 3-37)。

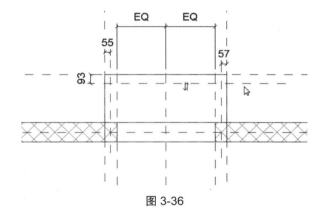

图 3-36

点击"创建"选项卡下的"拉伸"命令,选用"拾取线",设置偏移量为 3(图 3-38),依次将刚才新建的三个参照平面向外偏移,然后通过剪切拖动夹点的方式完成(图 3-39),修改偏移量为 6,将刚刚完成的偏移再向内偏移,通过修建和绘制,完成玻璃的轮廓,点击"√"(图 3-40)。用其他方式也可以绘制玻璃轮廓,但用偏移的方式绘制可以与"出挑宽度"之间建立一种弱联系。然后到"外部"视图调整玻璃的位置(图 3-41),并将上下边界与参照平面锁定。

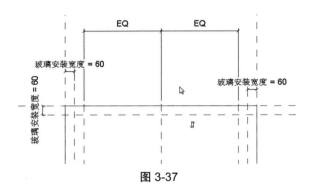

图 3-37

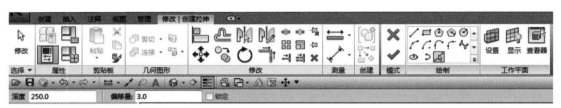

图 3-38

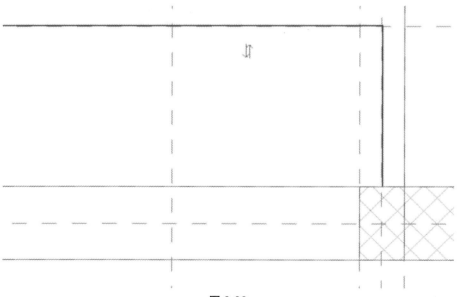

图 3-39

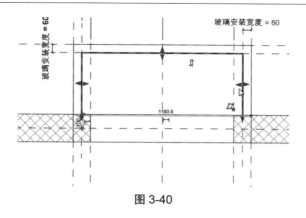

图 3-40

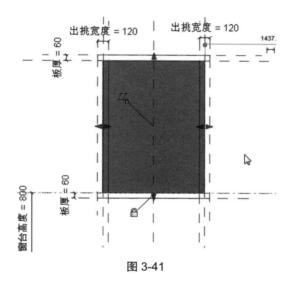

图 3-41

下面为玻璃和上下窗板添加材质,在"三维视图"下选中玻璃,在"属性"栏修改材质为"玻璃,透明玻璃",勾选"图形"面板下的"使用外观渲染",点击"确定",效果见图 3-42。然后在"三维视图"下选中上下飘窗板,在"属性"栏点击材质"< 按类别 >"后的三个小点,在弹出的"材质浏览器"对话框中点击下方的"新建材质"(图 3-43),重命名为"飘窗板材质",在"外观"面板选择材质和颜色,点击"确定",完成飘窗板材质的添加(图 3-44)。

接下来绘制窗框。和绘制玻璃轮廓一样,用"创建"选项卡下的"拉伸"命令,选用"拾取线",先设置偏移量为 30,向外偏移,偏移参考线与绘制玻璃轮廓时第一次偏移一样,再设置偏移量为 60,以刚才的偏移为参照,向内偏移,再通过修剪绘制,完成窗框轮廓的绘制(图 3-45)。然后绘制参照平面,为窗框定义宽度参数,沿刚绘制的窗框添加六个参照平面并与六条窗框轮廓线锁定,为三组参照平面标注尺寸,选中这三个标注(图 3-46),点击"标签"下拉列表中的"< 添加参数...>",命名为"窗框宽度"(图 3-47),此时还需要窗框宽度沿中心线变化,所以在中心线至窗框两边添加尺寸标注并点击"EQ"(图 3-48),将三边窗框控制在中心线两侧。

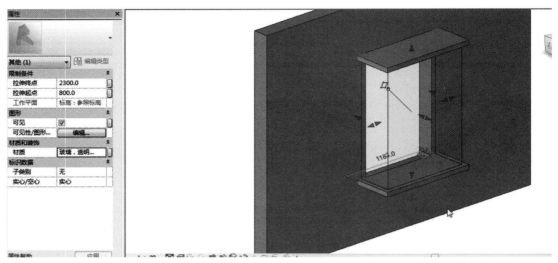

图 3-42

图 3-43

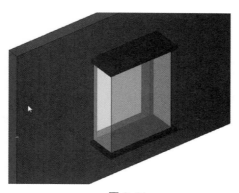

图 3-44

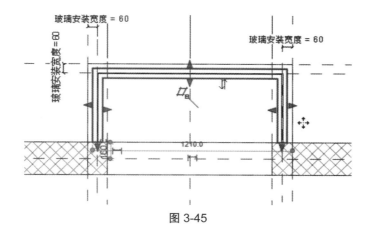

图 3-45

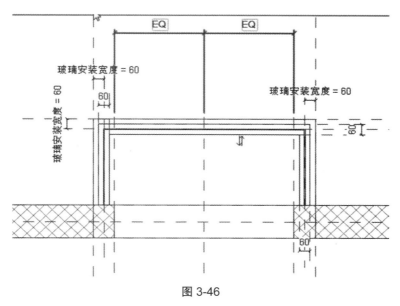

图 3-46

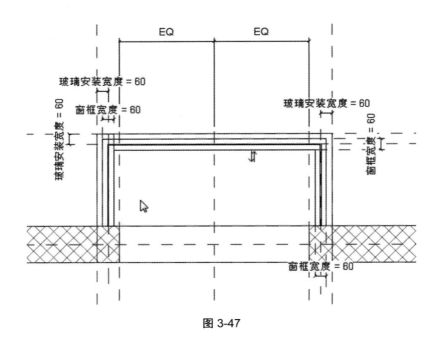

图 3-47

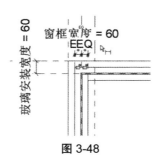

图 3-48

    然后到"外部"视图,先添加一个横向参照平面,并为其与下窗台上轮廓线重合的参照平面标注尺寸,选中此标注,添加参数,设置名称为"窗框高度"(图 3-49),在"族类型"中设置窗框高度为 60,将之前绘制的窗框轮廓拖动到两个参照平面并锁定(图 3-50),用同样的方法绘制上面的窗框(窗框轮廓可以复制)。

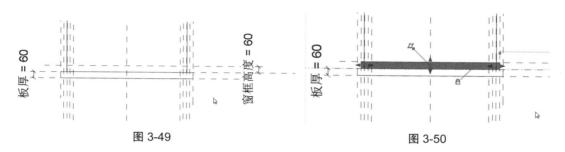

图 3-49　　　　　　　　　　　　　　　　　图 3-50

再在中间添加三个参照平面,为上下两个参照平面标注尺寸,添加参数并命名为"横梃高",为中间的参照平面与上下两个参照平面标注尺寸,点击"EQ"。但是横梃应该处于整个窗扇的中间,所以要对中间的参照平面与上窗板的下轮廓线和下窗台的上轮廓线相重合的参照平面依次进行尺寸标注,并点击"EQ"。然后到"外部"视图,复制下窗框,拖动至横梃位置并与参照平面锁定。但是由于横梃比窗框小,所以我们在三维视图中选择横梃,到"参照平面"视图点击"模式"面板的"编辑拉伸"命令,选择"拾取线"的方式,设置偏移量为10,将横梃外轮廓向内偏移 10,并用剪切命令修剪,完成横梃的创建。

接下来绘制竖梃,竖梃一共有五个,进入"参照标高"视图,这里需要添加三个参照平面,为中间两个参照平面标注尺寸并添加参数,将其命名为"竖梃宽",并于中心线进行"EQ"标注,横向的参照平面与墙外沿偏出 40(图 3-51),通过"创建"选项卡中的"拉伸"命令绘制出五个竖梃轮廓,并与各个竖梃轮廓重合的参照平面锁定(图 3-52),回到"外部"视图,调整竖梃位置(图 3-53)并锁定,完成竖梃绘制(图 3-54)。

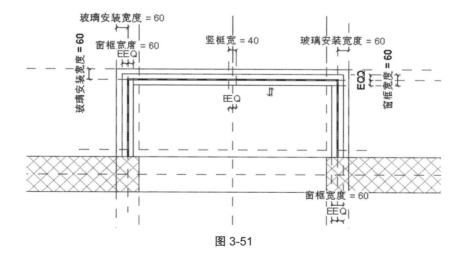

图 3-51

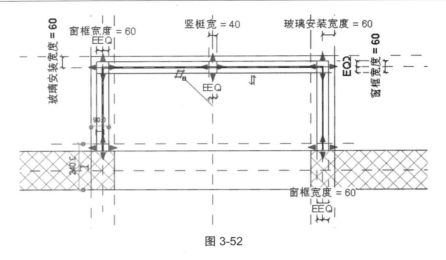

图 3-52

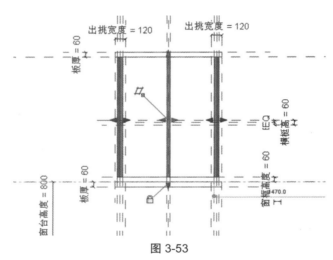

图 3-53

图 3-54

3.5　参数测试：以飘窗为例

打开"属性"面板"族类型"，可以看到添加的所有参数，调整一个合适的角度，改变参数数值，注意不要点击"确定"，每次改变后点击"应用"即可（图 3-55）。经检验发现，各个参数都能按照我们的要求变化。

图 3-55

接下来对整个飘窗进行进一步的细化调整。先给窗框添加一种材质，调整至三维视图，选中窗框，在"属性"栏我们看到有可以直接改变材质的控制栏，先点击后面的三个小点（图 3-56）随便添加一种材质，这里选择"铜"（图 3-57），可以发现材质发生了变化，但当我们把这个族载入项目中时，却不能改变材质，所以需要给窗框添加一个材质的控制参数，点击"属性"栏材质行最右边的矩形按钮（图 3-58），在弹出的"关联族参数"对话框中点击"添加参数"，在弹出的"参数属性"对话框中添加"名称"为"窗框材质"（图 3-59），此时就可以在"族参数"中改变窗框材质，将此族载入项目中后，我们就可以在"属性"栏"编辑类型"命令下的"类型属性"对话框中改变这些参数了（图 3-60）。

回到飘窗族的编辑界面，对窗框应用一种"塑钢"材质。打开"族类型"对话框，对窗框材质进行编辑，在"材质浏览器"中我们通过搜索发现并没有"塑钢"这种材质（图 3-61），这时就需要新建这种材质，先找到一种和塑钢类似的材质，这里选择"金属"，因为不同的材质相应的特点和参数不同，类似的材质可以方便后期的调整，这时选中金属材质，点击右键选择"复制"（图 3-62），将复制后的名称改命名为"塑钢材质"，在右侧"图形"选项卡中改颜色为白色，在"外观"选项卡中将"高光"调为"金属"，点击"确定"，完成窗框材质的添加。

图 3-56

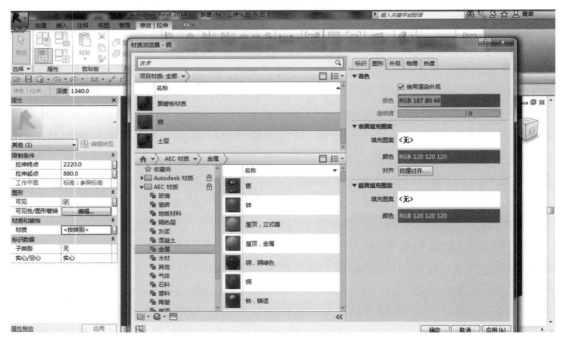

图 3-57

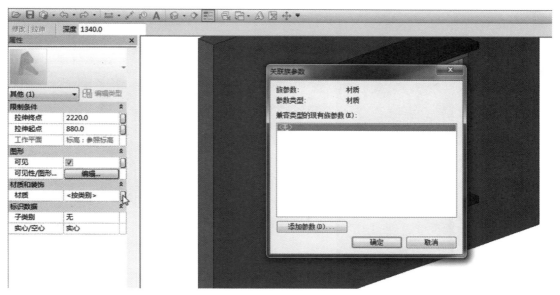

图 3-58

图 3-59

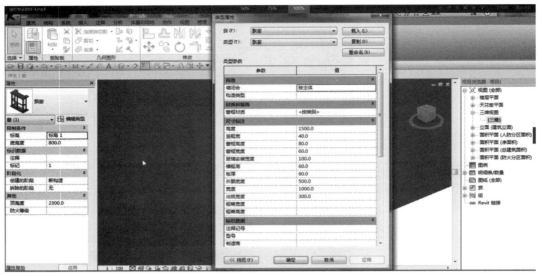

图 3-60

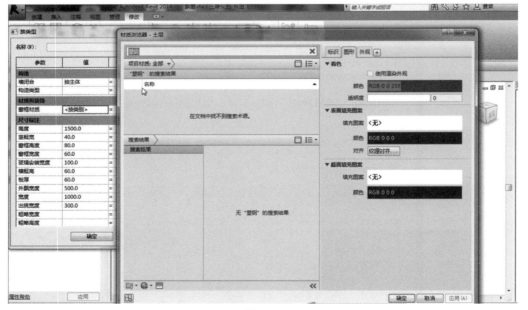

图 3-61

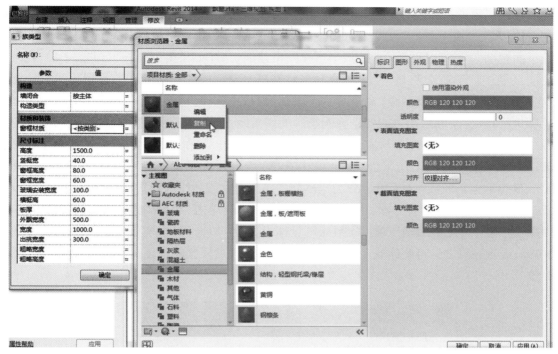

图 3-62

3.6　平面表达的调整

切换至"参照标高"视图,可以看到由于添加了很多参数,平面表达较乱且不符合施工图的表达要求,将飘窗族载入项目中后,切换显示模式为"线框"模式(图 3-63),可以看到显示较细,不符合施工图的制图习惯,此时就要对飘窗的显示进行调整,回到族编辑界面"参照标高"视图,如果发现文字太大,可以调整视图比例。

平面表达的调整

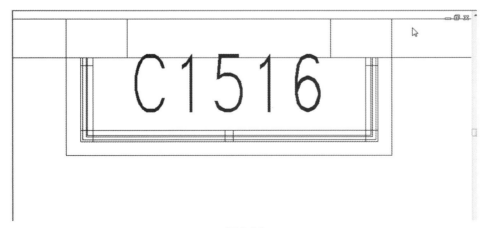

图 3-63

　　在施工图的平面表达中,飘窗只需要三条线,分别表达窗台外边缘和窗框。选中玻璃,在右侧"属性"栏中点击"可见性"打开"族图元可见性设置"对话框,取消勾选"平面 / 天花板平面视图"和"当在平面 / 天花板平面视图中被剖切时(如果类别允许)"(图 3-64),此时绘图区域中玻璃就会灰显,用同样的方法对窗框、竖梃、横梃进行相同的设置。然后使用"创建"选项卡下的"模型线"命令,在"子类别"面板中选择"窗 [投影]"(图 3-65),沿窗框轮廓进行描绘,绘制后用过滤器选择刚绘制的四条线,切换至三维视图,我们发现所绘制的四条线在参照平面上,而不与窗台在同一平面,这时点击"工作平面"面板中的"编辑工作平面"命令,在弹出的"工作平面"对话框中选择"拾取一个平面"(图 3-66),然后点击"确定",并拾取窗台所在平面(图 3-67),当然同样需要对这四条线进行与玻璃相同的可见性设置,并且要将线转换为符号线,用过滤器选中四条线后,单击"编辑"面板"转换线"命令,然后单击右侧"可见性编辑",在"族图元可见性设置"中勾选"仅当实例被剖切时显示"(图 3-68),设置完成之后将此族载入项目中,这时可以发现这样比较符合施工图的制图习惯(图 3-69)。

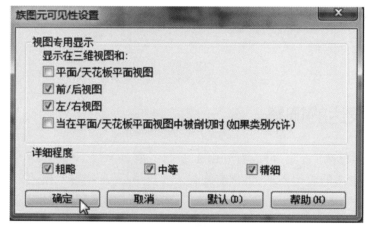

图 3-64

图 3-65

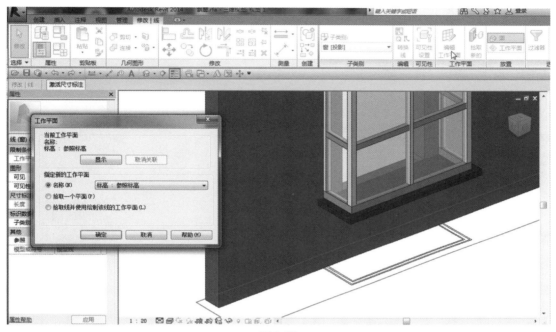

图 3-66

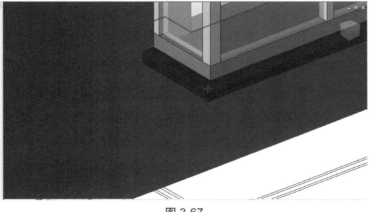

图 3-67

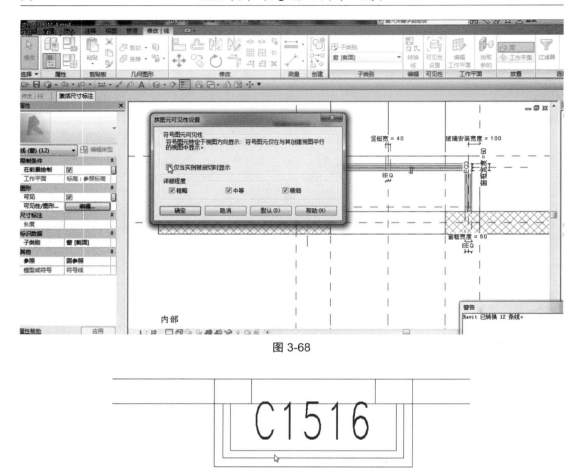

图 3-68

C1516

图 3-69

3.7 高窗的绘制

相对于平面显示，高窗在施工图中的显示实际就是，将窗框线改成了虚线显示。

回到飘窗族的"参照标高"视图，点击"管理"—"设置"—"对象样式"，打开"对象样式"对话框，在"模型对象"选项卡下点击"新建"，在弹出的"新建子类别"对话框中添加名称为"高窗显示"，修改子类别为"窗"，点

高窗的绘制

击"确定"（图 3-70），就可以在"对象样式"对话框中发现"窗"最下面多了"高窗显示"这一栏，点击"高窗显示"的"线型图案"下拉三角，选中"架空线"，然后点击"确定"（图 3-71）。此时同样需要绘制模型线，点击"创建"—"模型"—"模型线"命令，然后在"子类别"中选择刚才添加的"高窗显示【截面】"（图 3-72），在绘图区对窗台外檐和窗框线进行描摹，描摹

好后,通过过滤器选中"线(高窗显示)"(图 3-73),在"编辑"界面点击"转换线"命令,将新绘制的模型线转换为符号线,然后将族载入项目中,这样就符合制图要求了(图 3-74)。

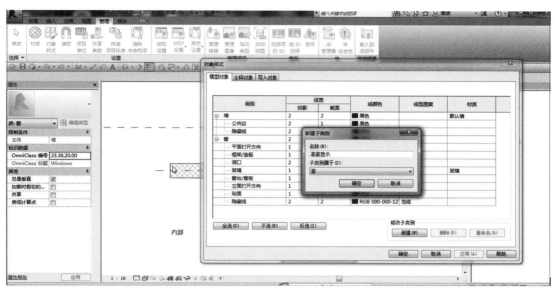

图 3-70

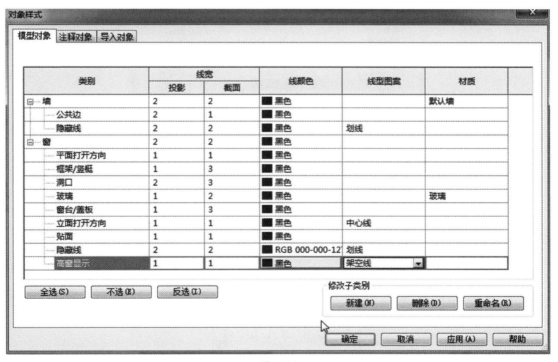

图 3-71

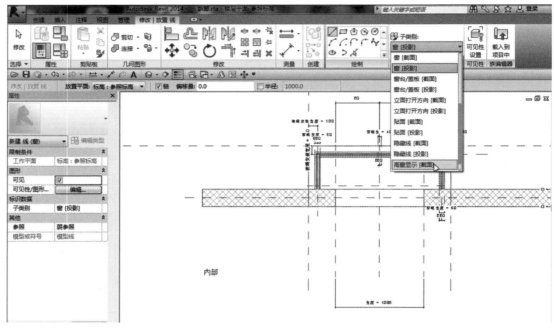

图 3-72

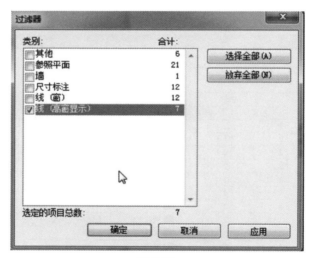

图 3-73

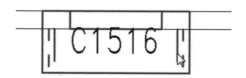

图 3-74

3.8　立面表达的调整

　　下面对飘窗的立面表达进行调整,主要是通过开启线的可见性设置来区别平开窗和推拉窗的立面表达。

立面表达的调整

　　进入族编辑界面的外部视图,首先绘制平开窗和推拉窗的开启线,和之前一样,使用"模型线"命令,在"子类别"中选择"立面打开方向【投影】",然后绘制推拉窗的开启线,但由于刚才绘制的推拉窗开启线在墙的外平面上,所以还要切换到三维视图,选中刚绘制的四条线(图3-75),然后使用"工作平面"面板中的"编辑工作平面"命令,在弹出的"工作平面"对话框中选择"拾取一个平面",点击"确定",在三维视图中拾取到飘窗窗框最外层平面(图3-76),完成平开窗开启线的绘制,以同样的方法绘制推拉窗的开启线(图3-77),最后回到外部视图,将推拉窗开启线镜像,完成推拉窗的开启线绘制。当然此时也需要将刚绘制的模型线转换为符号线,选中模型线,点击"转换线"命令就可以实现。

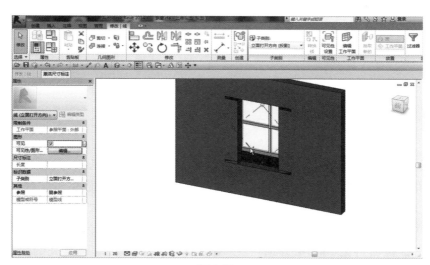

图 3-75

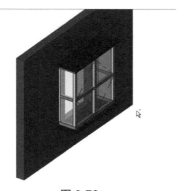

图 3-76

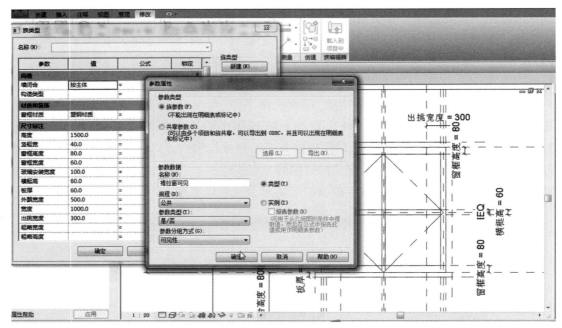

图 3-77

　　回到外部视图，通过"属性"面板打开"族类型"对话框，然后点击"添加"，在弹出的"参数属性"对话框中将"名称"设置为"推拉窗可见"，"参数类型"设置为"是 / 否"，"参数分组方式"设置为"可见性"，点击"确定"，回到"族类型"对话框再添加一个参数，"名称"设置为"平开窗可见"，其他与上面相同，添加完成后，在"族类型"对话框中可以看到在"可见性"栏多了"推拉窗可见"和"平开窗可见"两个参数（图 3-78）。调整完的效果如图 3-79所示。

　　选中推拉窗的开启线，点击左侧"属性"栏"图形"下"可见"列最右侧矩形块，在弹出的"关联族参数"对话框中选择"推拉窗可见"，点击"确定"（图 3-80），然后用同样的方法选中平开窗开启线，将它与"平开窗可见"关联。此时若将此族载入项目中，便可以在"族类型"中通过勾选"可见性"下面的"推拉窗可见"或者是"平开窗可见"实现对飘窗开启方式的选择（图 3-81）。

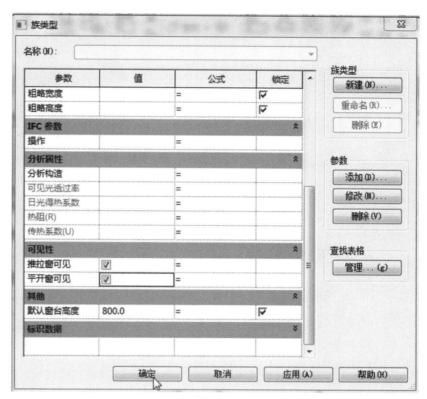

图 3-78

图 3-79

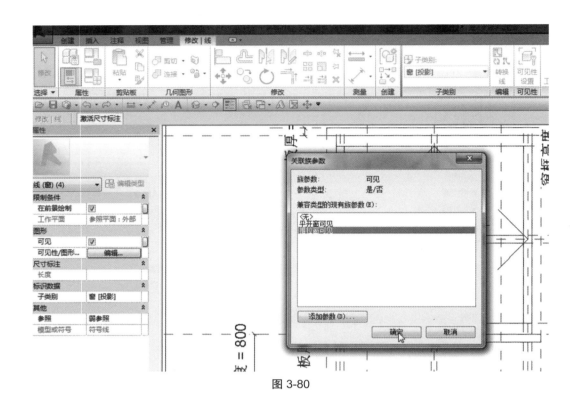

图 3-80

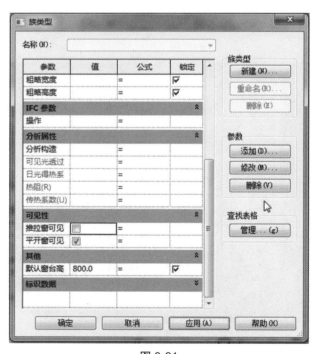

图 3-81

3.9　添加族类型

　　前面完成了飘窗的建模、参数设置及调整,平立面图设置及开启方式的设置,但载入项目之后仍然只有一个飘窗的类型,无法将之前设置的参数最大化利用。

　　这时我们可以在族"属性"面板中单击"族类型",在"族类型"对话框中点击"新建",设置名称为"TLC 0215"(图 3-82),在"族类型""可见性"中勾选"推拉窗可见"(图 3-83),点击"确定",用同样的方法再新建一个,命名为"PKC 0215",在"族类型"的"可见性"中勾选"平开窗可见",这时就添加了两种类型,当然更改不同的参数,可以添加多种类型。将这个族载入项目中,我们可以在"项目浏览器"族中的"飘窗"下面看到三种类型(图 3-84),这三种类型可以分别在项目中使用,互不影响。

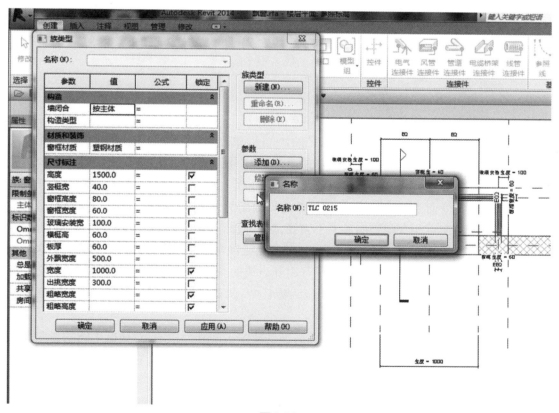

图 3-82

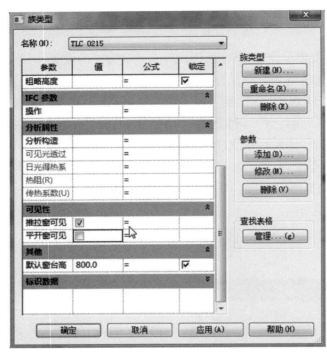

图 3-83

图 3-84

　　将之前做的飘窗族载入一个项目中，单击"建筑"—"构建"—"窗"，在"属性"栏点击"编辑类型"，在弹出的"类型属性"对话框中，可以单击"类型"的下拉箭头，选择之前添加的类型（图 3-85），也可以修改下面添加的参数，对下面所有参数的修改只会影响这个类型的飘窗，比如，选择"PKC 0215"修改"高度"为"2000"（图 3-86），但此时我们发现平开窗的开启线没有随高度而变化，这时就要回到族编辑界面的外部视图，输入"AL"，选择与平开窗开启线最上面的交点相交的竖向参考平面线，然后鼠标点到平开窗开启线的最上面交点，点击"Tab"键选中这个点，将这个点与竖向参照平面线锁定（图 3-87），用同样的方法将这个点与横向参照平面线锁定。然后将这个平开窗开启线的其他三个交点也依次与与之相交的横竖向上的参照平面线锁定，此时再将族载入项目中，调节高度，立面开启线就可以随高度变化而变化。

　　但是横梃在改变高度后不再居中，此时回到族编辑的外部视图，对横梃中间的参照平面线与下窗框上面的参照平面线进行尺寸标注，然后选中这个标注，在"标签"下选择"＜添加参数...＞"（图 3-88），名称设置为"横梃与下窗框距离"，然后打开"族类型"对话框，在"横梃与下窗框距离"后的公式栏中输入"（高度 -2* 窗框宽度)/2"，注意所有的符号都必须在英文输入法下"输入"，点击"确定"（图 3-89），再载入项目中，改变高度，横梃就会随着高度变化（图 3-90）。到此，飘窗的创建就完成了。

图 3-85

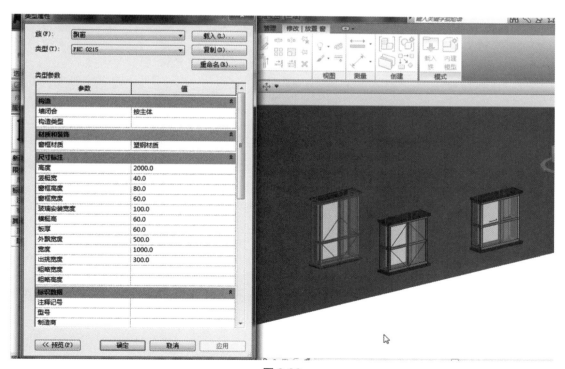

图 3-86

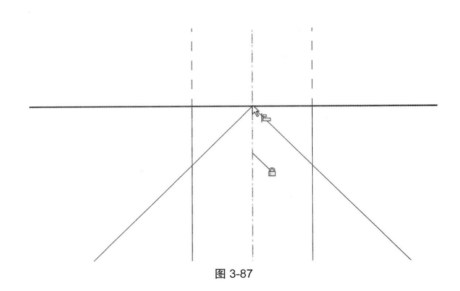

图 3-87

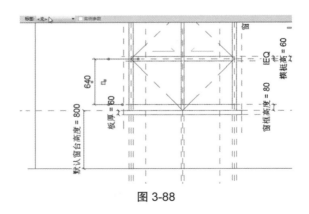

图 3-88

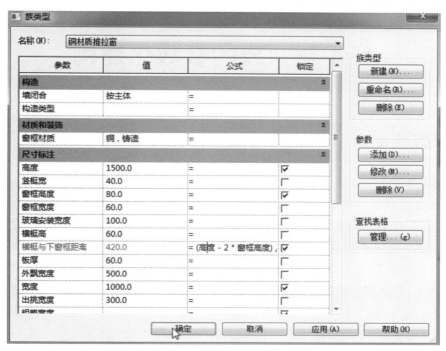

图 3-89

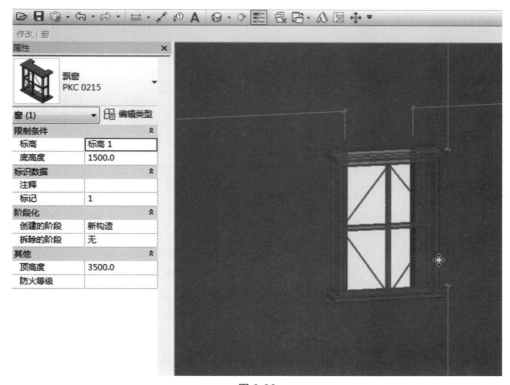

图 3-90

第 4 章　族的参数化建构

4.1　参数联动

在 BIM 的实际应用中，常常需要将模型进行参数化建构。其作用是用参数修改来驱动模型外观，从而减少建模的工作量，将所有的修改都转化为参数修改，一个优秀的参数化族，能够以一个基础类型为原型，通过参数修改得到完全不同的若干新的三维实体，甚至通过更为复杂的参数联动，在修改少量参数的情况下，其他参数相应联动变化，从而驱动模型整体的修改。

参数联动

以书桌为例，此模型的要求是在书桌高度变化的同时，书桌下部的抽屉能随着新的桌面高度自动进行重新等分。

新建"概念体量"—"公制体量"（图 4-1）。

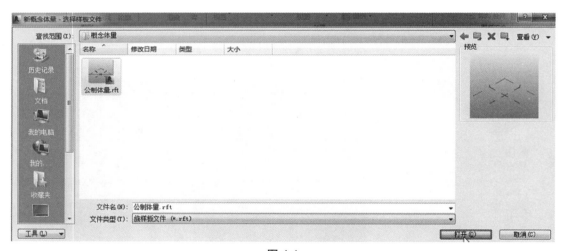

图 4-1

进入"楼层平面"—"标高 1"视图，用模型线画出桌腿的轮廓，选中绘制完成的模型线，点击"创建形状"—"实心形状"，完成桌子的桌腿部分（图 4-2）。

进入"立面"—"南"立面视图，在桌腿上表面的位置绘制一个参考平面，并用"尺寸标注"命令（DI）标注桌腿的高度，选中创建的标注点击"标签"—"< 添加参数...>"，在"参数属性"对话框中将"名称"设为"参数 2"（图 4-3）。

将刚刚完成的桌腿的上表面与绘制的参考平面锁定（图 4-4）。

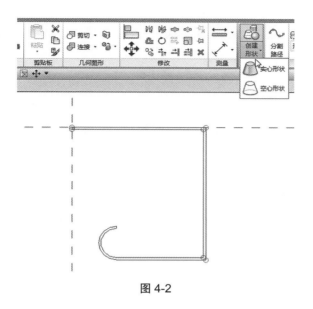

图 4-2

图 4-3

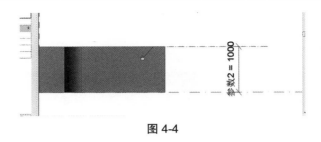

图 4-4

接下来绘制桌面,进入"楼层平面"—"标高 1"视图,用模型线画出桌面的轮廓,选中绘制完成的模型线,点击"创建形状"—"实心形状",给予整个形体一个高度"50",完成桌面部分的绘制(图 4-5)。

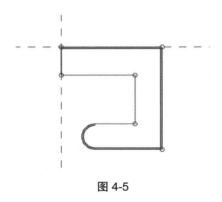

图 4-5

之后开始绘制桌面上的书架部分,进入"楼层平面"—"标高 1"视图,先用模型线画出书架的平面轮廓(图 4-6)。

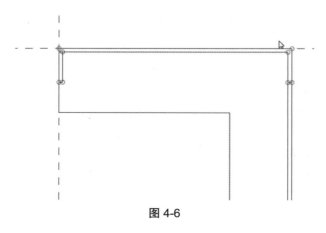

图 4-6

进入"南"立面视图,在桌面高度的位置上创建一个参考平面并把"名称"设为"2"(图 4-7)。

图 4-7

　　进入三维视图,选中画好的书架外轮廓模型线,选择"主体"并设置为"参照平面:2"(图 4-8)。选中绘制完成的模型线,点击"创建形状"—"实心形状",并给予整个形体一个高度"950"。

图 4-8

　　接下来绘制书架的顶板,进入"楼层平面"—"标高 1"视图,在书架的基础上绘制一个矩形(图 4-9)。

　　进入三维视图,选中绘制好的矩形线框,设置一下它的高度,将"主体"设置为"参照平面:2",再点击"创建形状"—"实心形状",把厚度设置为"1000"(图 4-10)(图上显示的为1200,之后会改为 1000,所以这里直接设置为 1000),之后选中下表面再将厚度改为"50"(在线框模式下更容易选中下表面)(以上这一步是为了把新生成的矩形体量放到书架上,这样可以进行定位,在以后会频繁使用这类定位方法)(图 4-11)。

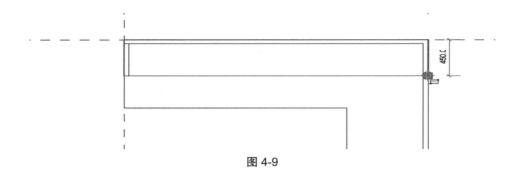

图 4-9

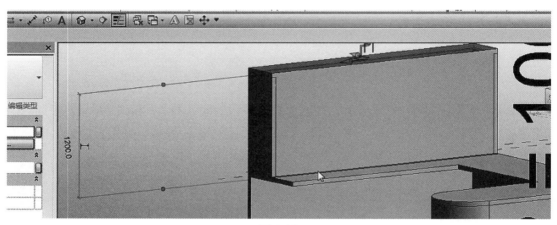

图 4-10

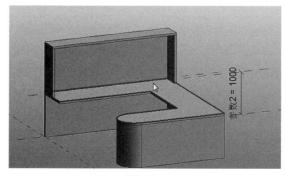

图 4-11

接下来对书架内部的隔板进行绘制,先绘制竖向分隔,进入"楼层平面"—"标高 1"视图,按照图纸数据用模型线绘制三个矩形线框(图 4-12)。

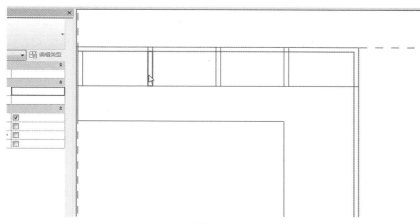

图 4-12

进入三维视图,选中其中一个矩形线框,点击"创建形状"—"实心形状",对另外两个线框也进行同样的操作(图 4-13)。

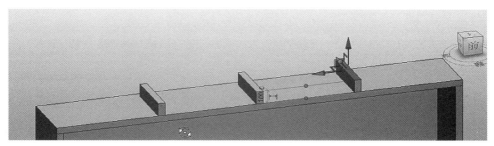

图 4-13

在三维视图中选中一个竖向隔板的上表面,将上表面拉伸到书架顶板下表面的位置(图 4-14),再在线框模式下选中下表面,将长方体厚度设置为"450",对另外两个长方形体块也进行相同的操作。

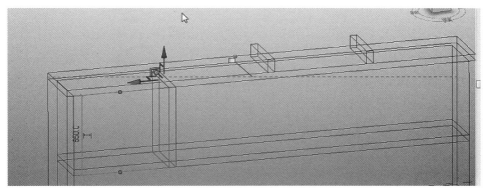

图 4-14

之后进行横向隔板的绘制。进入"楼层平面"—"标高 1"视图，按照图纸数据用模型线绘制一个矩形线框（图 4-15），进入三维视图，选中矩形线框，点击"创建形状"—"实心形状"，创建一个厚度为"50"的长方体，再使用之前的对齐方法将横向隔板的下表面与竖向隔板的下表面对齐（图 4-16）。

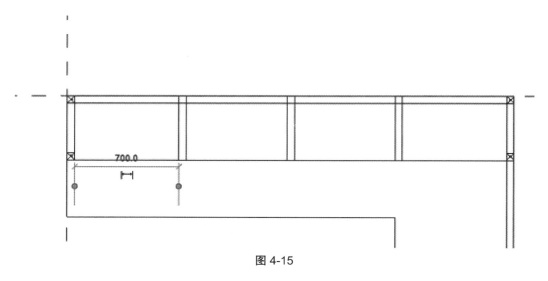

图 4-15

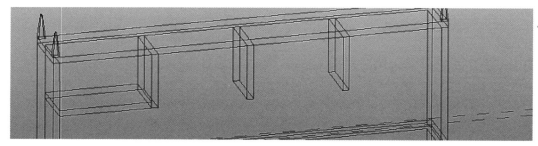

图 4-16

进入"楼层平面"—"标高 1"视图，对创建的横向隔板进行复制并调整长度（图 4-17）。

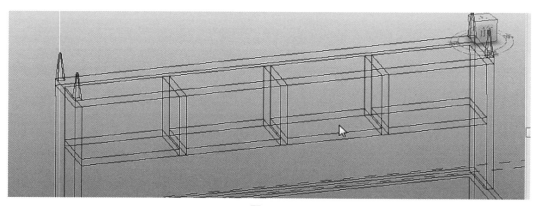

图 4-17

接下来绘制书架的四个角,进入"楼层平面"—"标高 1"视图,按照图纸数据用模型线绘制一个正方形线框(图 4-18),选中正方形线框,点击"创建形状"—"实心形状",创建一个长方体。

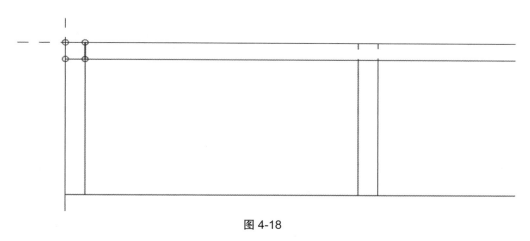

图 4-18

进入"南"立面视图,选中创建的长方体,用"移动"命令将其移动到书架的顶部(图 4-19)。

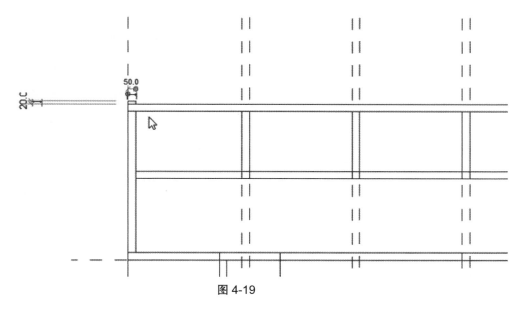

图 4-19

将长方体的厚度改为"200",选中长方体点击"编辑轮廓",将轮廓线向中心偏移"20"(图 4-20),然后删除外部的一圈轮廓线,点击"接受修改并退出"(结果见图 4-21)。

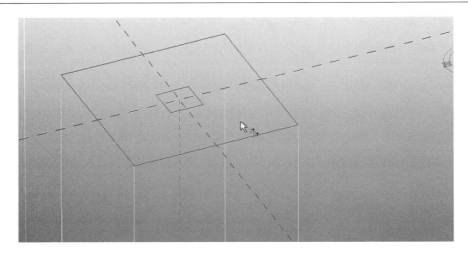

图 4-20

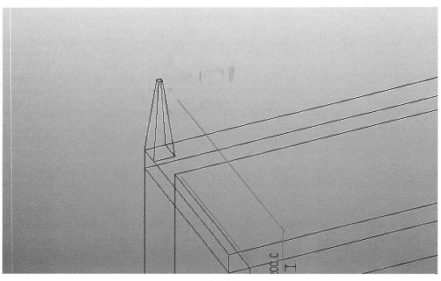

图 4-21

　　进入"楼层平面"—"标高 1"视图，选中修改完成的四棱台，点击"复制"（CO），并选中"多个"，进行多个复制，将棱台复制到书架的四个角上去（成果见图 4-22）。

图 4-22

到此,书架和桌面部分已经绘制完成,现在开始重点介绍抽屉部分的绘制。

先绘制抽屉左侧的隔板。进入"楼层平面"—"标高 1"视图,按照图纸数据用模型线绘制一个长方形线框(图 4-23)。

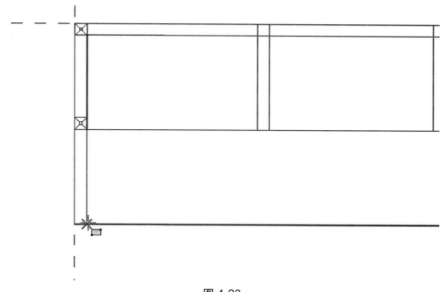

图 4-23

进入三维视图,选中创建的线框,点击"创建形状"—"实心形状",创建一个长方体。

进入"南"立面视图,用"对齐"命令(AL)将长方体的上表面与桌面的下表面对齐并锁定(图 4-24)。

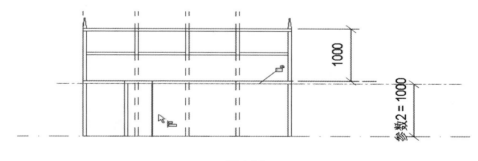

图 4-24

用"连接"命令将长方体与之前创建的桌腿部分连接成一个整体(图 4-25)。选中书架的下表面与桌面进行锁定(图 4-26)。

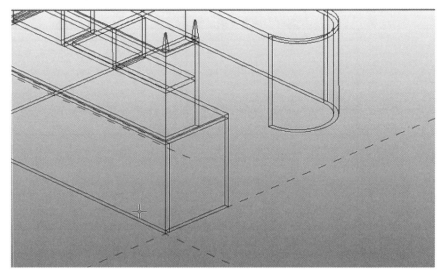

图 4-25

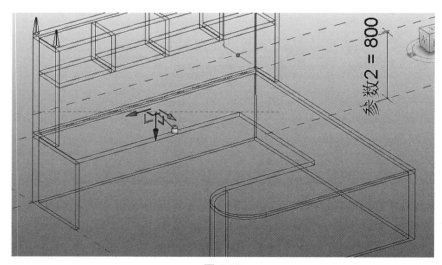

图 4-26

　　进入"南"立面视图,按照图纸数据用模型线绘制一个长方形线框(图 4-27),进入三维视图选中创建的长方形线框,点击"创建形状"—"实心形状",创建一个长方体,调整长方体的大小并将其与桌子对齐(图 4-28)。

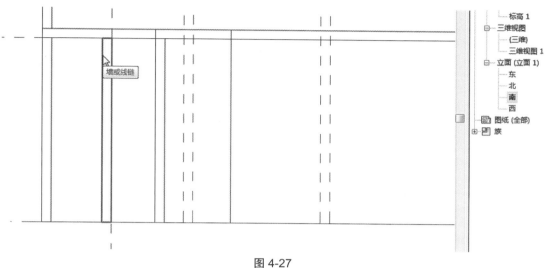

图 4-27

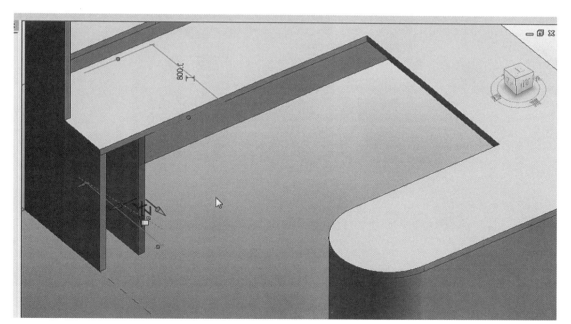

图 4-28

　　然后绘制抽屉的横向隔板,进入"南"立面视图,按照图纸数据用模型线绘制一个长方形线框(图 4-29)。

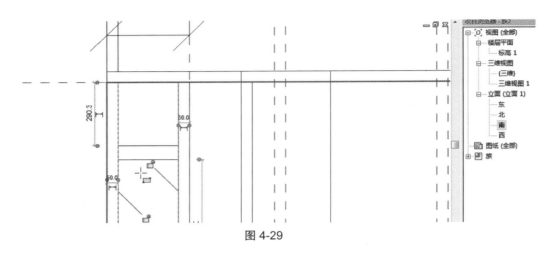

图 4-29

　　进入三维视图选中创建的长方形线框,点击"创建形状"—"实心形状",创建一个长方体,调整长方体的大小并将其与桌子对齐(图 4-30),将隔板的厚度改为"50"。

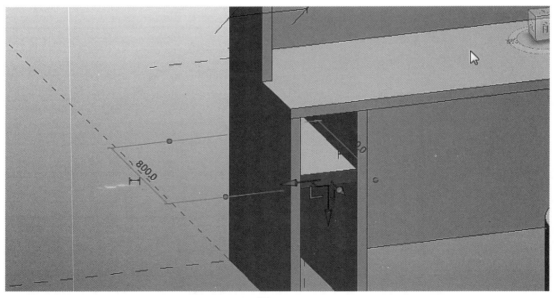

图 4-30

　　接下来对横向隔板的两边进行锁定,先在三维视图中选中横向隔板的左侧面向内拖(图 4-31),再回拖到原来的位置,与原平面重合并点击"锁定"(图 4-32),同理把横向隔板的右侧面也与竖向隔板的表面锁定。

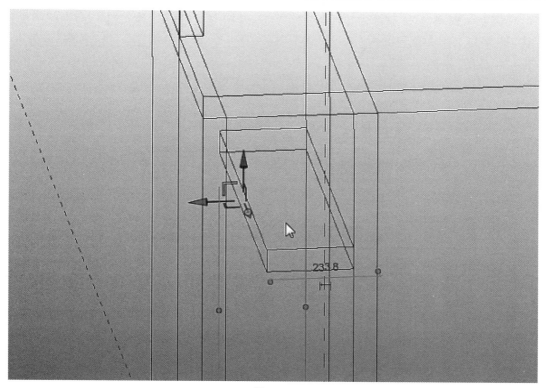

图 4-31

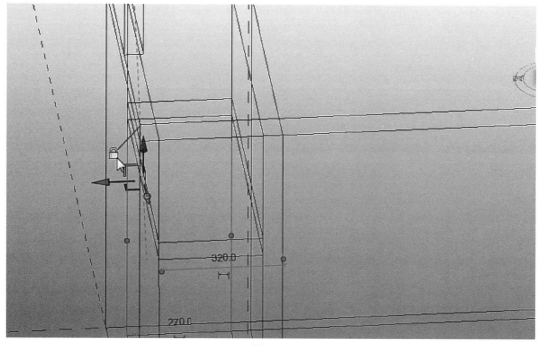

图 4-32

　　在南立面视图中，绘制四个竖向的参考平面，并用"尺寸标注"命令（DI）对其两两进行标注（图 4-33），选中创建的两个标注，点击"标签"—"＜添加参数...＞"，将"名称"设为"b"（图 4-34），在"族类型"窗口下将"b"改为"50"（图 4-35）。在"南"立面视图中，将右侧隔板的侧面与创建的尺寸标注"b"对齐并锁定（图 4-36）。

图 4-33

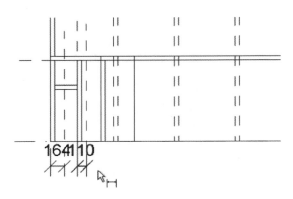

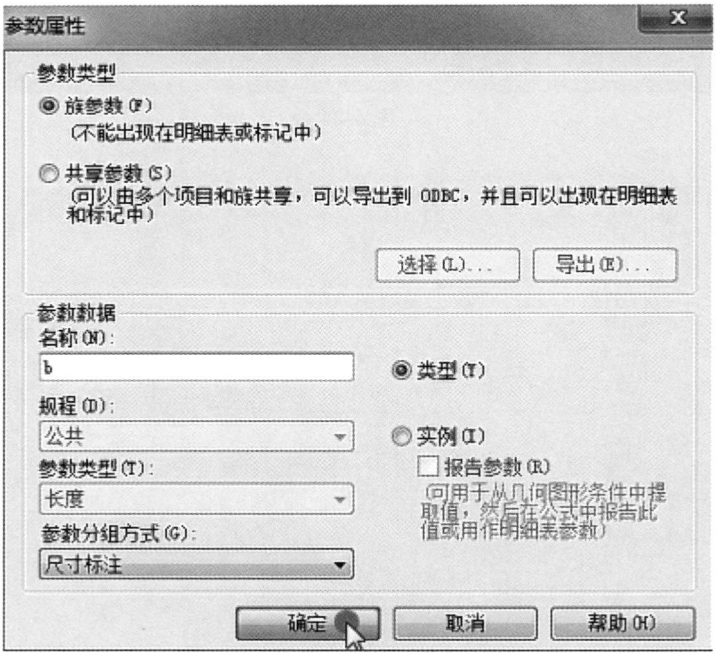

图 4-34

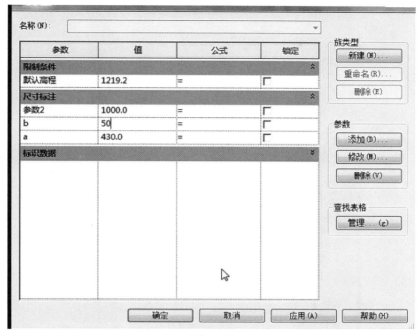

图 4-35

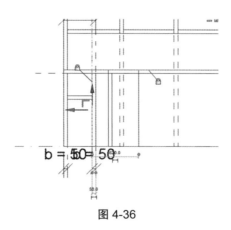

图 4-36

在"南"立面视图中,用"尺寸标注"命令(DI)绘制一道标注(图 4-37),选中创建的标注,点击"标签"— "< 添加参数...>"将"名称"设为"参数 3"(图 4-38),在"族类型"窗口下将"参数 3"改为"500"(图 4-39)。

图 4-37

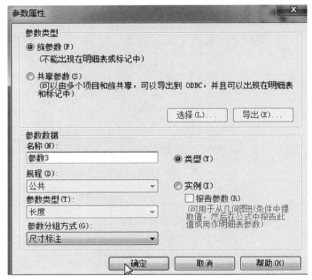

图 4-38

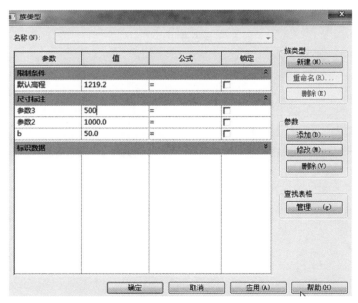

图 4-39

在"南"立面视图中,绘制六个横向的参考平面,并用"尺寸标注"命令(DI)对其两两进行标注(图 4-40),选中创建的三个标注,点击"标签"—"< 添加参数...>",将"名称"设为"c"(图 4-41),在"族类型"窗口下将"c"改为"50"(图 4-42)。

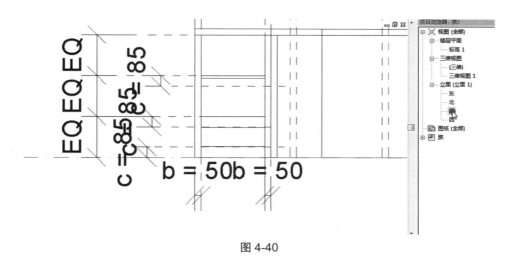

图 4-40

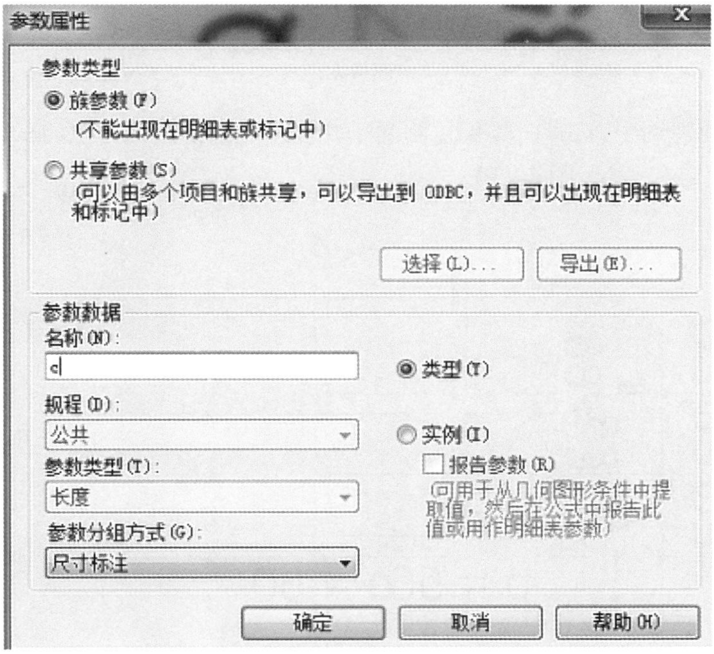

图 4-41

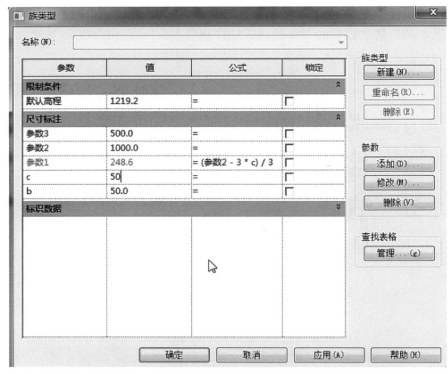

图 4-42

在"南"立面视图中,将横向隔板复制两个并使用之前讲过的方法将横向隔板的上下表面和参考平面锁定在一起(图 4-43)。

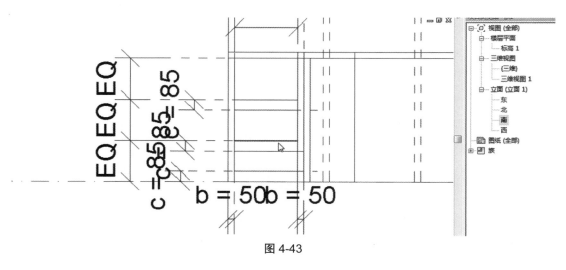

图 4-43

在"南"立面视图中,用"尺寸标注"命令(DI)对其进行标注(图 4-44),选中创建的标注,点击"标签"—"< 添加参数...>",将"名称"设为"参数 1"(图 4-45),在"族类型"窗口下将"参数 1"改为"(参数 2-3*c)/3"(图 4-46)。

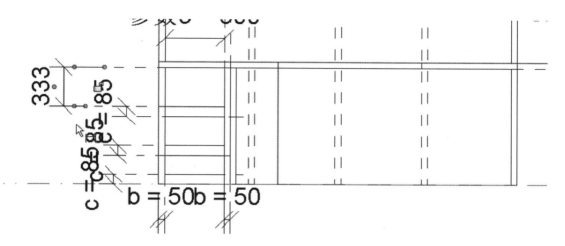

图 4-44

图 4-45

图 4-46

在"南"立面视图中,用"尺寸标注"命令(DI)对其进行标注,选中创建的标注,点击"标签"—"< 添加参数...>",将"名称"设为"参数 1"(图 4-47)。

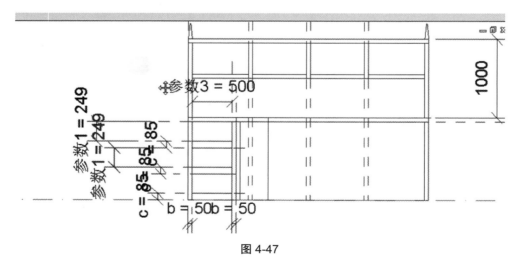

图 4-47

现在这个案例就创建完成了,以后大家可以自己练习,进行一些族的设置。

4.2　曲面墙体的建构

建筑设计中常常需要建构异型墙体,特别是大跨度的建筑。Revit 项目文件中,没有直接的命令生成曲面墙体,所以需要借用体量族来建构形状,完成后再将其载入特定项目。因为族的建构没有给这个实体赋予任何属性,所以需要在项目中按照设计要求给体量加上属性。

曲面墙体的建构

以一个体育馆建筑为案例,我们来学习如何建构曲面体量,并为其赋予不同的建筑部件属性。

首先创建体育馆的体量,用创建族的方法完成,新建一个族,选择"公制常规模型",然后点击"打开"(图 4-48)。

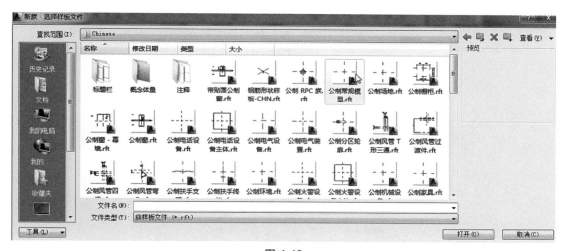

图 4-48

绘制中间的半圆柱体,进入右立面视图,点击"拉伸"命令画一个半径为"3500"的半圆(图 4-49),点击"确定"。

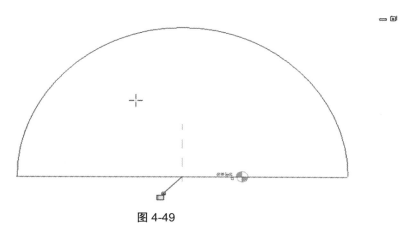

图 4-49

进入参照标高视图,将绘制完成的半圆柱体的"拉伸终点"改为"3000","拉伸起点"改为"-3000"（图 4-50 ）。

图 4-50

接下来用"旋转"命令绘制体育馆端头的半圆形状,进入右立面视图,点击"创建"—"旋转"命令,使用"边界线"绘制一个四分之一圆（图 4-51）,再使用"轴线"绘制一条对称轴（图 4-52）,点击确定。

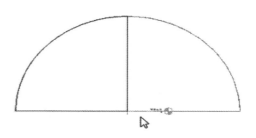

图 4-51

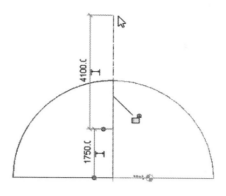

图 4-52

　　进入参照标高视图,选中绘制的半圆,点击"取消关联工作平面"(图 4-53),之后再将其移动到半圆柱体的端头(图 4-54)。

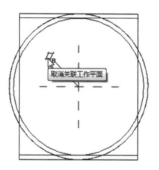

图 4-53

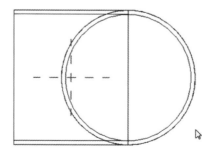

图 4-54

　　进入三维视图,选中刚刚绘制完成的半圆形,将其"结束角度"改为"360","起始角度"改为"180"（图 4-55 ）。

图 4-55

　　进入参照标高视图,对刚刚修改完成的半圆形进行镜像（图 4-56 ）。

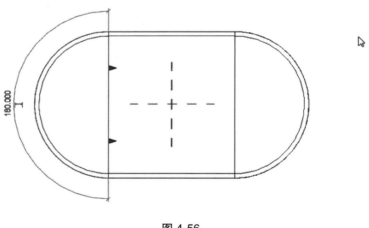

图 4-56

　　现在把绘制完成的族进行保存并载入体育馆的项目中（图 4-57 ）。

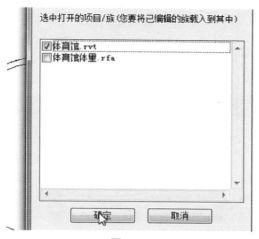

图 4-57

进入三维视图,点击"建筑"—"幕墙系统",选中两个四分之一球形,点击"创建系统"完成幕墙的创建(图 4-58),再选中中间的半圆柱体点击"创建系统"。

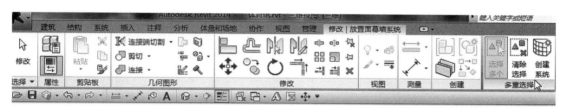

图 4-58

选中两个创建完成的球形幕墙,点击"编辑类型"—"复制",输入名称"1000*500",将"网格 1"的"布局"设置为"最大间距","间距"设置为"1000",将"网格 2"的"布局"设置为"最大间距","间距"设置为"500"(图 4-59),点击"确定"。

选中半圆柱体幕墙,点击"编辑类型"—"复制",输入名称"500*1000",将"网格 1"的"布局"设置为"最大间距","间距"设置为"500",将"网格 2"的"布局"设置为"最大间距","间距"设置为"1000",点击"确定"。

现在整个体育馆的大体形状和幕墙已经创建完成了,接下来进行一些细节的调整。

绘制竖梃,选中半圆柱幕墙,点击"编辑类型",将"网格 1 竖梃"下的"内部类型""边界1 类型""边界 2 类型"均设置为"矩形竖梃:50×150 mm",同样也将"网格 2 竖梃"下的"内部类型""边界 1 类型""边界 2 类型"均设置为"矩形竖梃:50×150 mm",点击"确定"(图4-60)。

选中半球形幕墙,点击"编辑类型",将"网格 1 竖梃"下的"内部类型"设置为"矩形竖梃:50×150 mm",将"网格 2 竖梃"下的"内部类型""边界 1 类型""边界 2 类型"均设置为"矩形竖梃:50×150 mm",点击"确定"(图 4-61)。

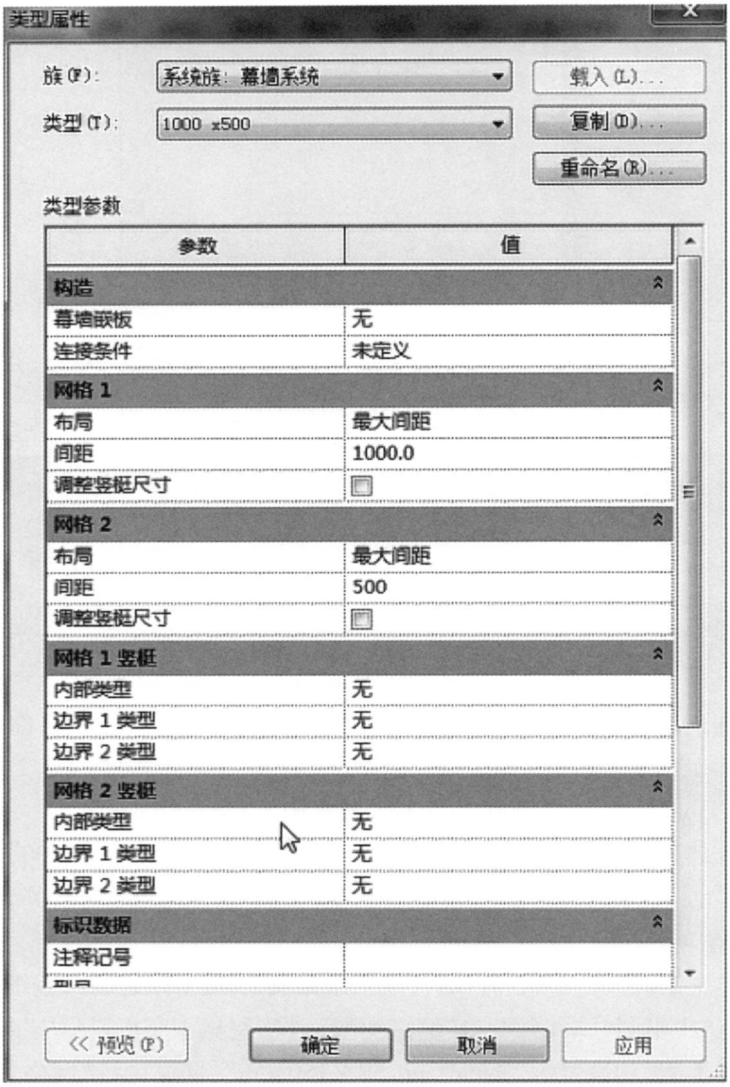

图 4-59

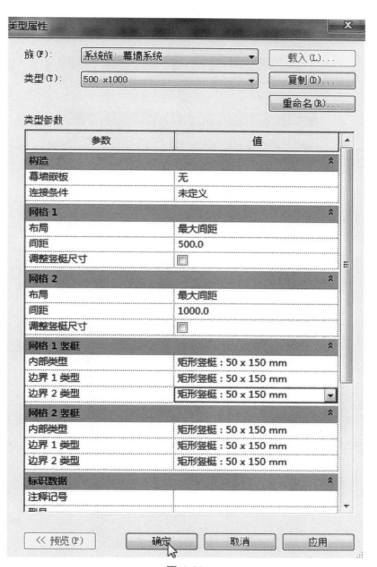

图 4-60

类型属性

参数	值
连接条件	未定义
网格 1	
布局	最大间距
间距	1000.0
调整竖框尺寸	☐
网格 2	
布局	最大间距
间距	500.0
调整竖框尺寸	☐
网格 1 竖框	
内部类型	矩形竖框：50 x 150 mm
边界 1 类型	无
边界 2 类型	无
网格 2 竖框	
内部类型	矩形竖框：50 x 150 mm
边界 1 类型	矩形竖框：50 x 150 mm
边界 2 类型	矩形竖框：50 x 150 mm
标识数据	
注释记号	
型号	
制造商	
类型注释	

族(F)：　系统族：幕墙系统　载入(L)...
类型(T)：　1000 x500　复制(D)...　重命名(R)...

类型参数

<< 预览(P)　　确定　　取消　　应用

图 4-61

　　现在开始绘制体育馆南立面的入口，我们需要在体育馆体量的南立面开一个"2303"高的洞。返回之前创建的族，在前立面视图绘制一个高"2303"的参考平面，并将"名称"改为"1"（图 4-62）。

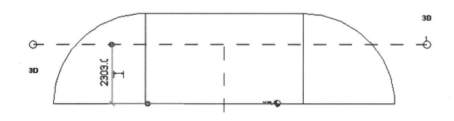

图 4-62

进入三维视图,点击"创建"—"设置",指定"参照平面:1"为新的工作平面(图 4-63)。

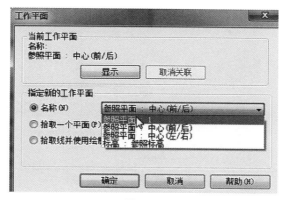

图 4-63

　　打开右立面视图,使用"创建"下的"空心形状"中的"空心拉伸"命令绘制一个矩形线框(图 4-64),点击"确定"。

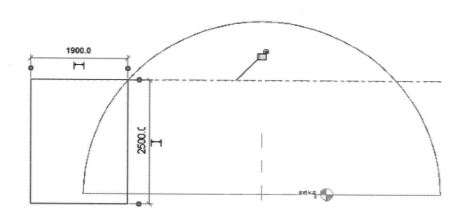

图 4-64

　　进入参照标高视图,选中刚刚绘制的空心形状,将"拉伸终点"设置为"1000","拉伸起点"设置为"-1000"(图 4-65)。

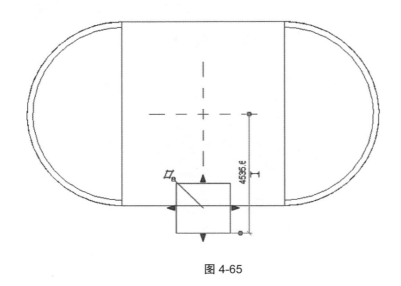

图 4-65

把修改完成的族载入项目中,选择"覆盖现有版本及其参数值"。

在项目中将族重新载入一次,并且删除之前绘制的幕墙,重新绘制一次新的幕墙(图 4-66)。

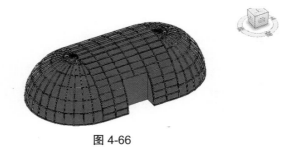

图 4-66

接下来开始门口幕墙的绘制,点击"建筑"— "幕墙系统"绘制幕墙,点击"编辑类型"— "复制",将"名称"设为"大门",之后将"网格 1"的"布局"设置为"最大间距","间距"设置为"1000",将"网格 2"的"布局"设置为"最大间距","间距"设置为"500",将"网格 1 竖梃"下的"内部类型""边界 1 类型""边界 2 类型"均设置为"无",同样也将"网格 2 竖梃"下的"内部类型""边界 1 类型""边界 2 类型"均设置为"无",点击"确定"(图 4-67)。

选中半圆柱玻璃幕墙,点击"编辑类型",将"幕墙嵌板"设置为"系统嵌板:玻璃",点击"确定"(图 4-68)。

选中半圆柱幕墙上的嵌板,点击"编辑类型",将"厚度"改为"35",点击"确定"(图 4-69)。

现在调整竖梃的尺寸。点击"建筑"下的"竖梃"命令,再点击"编辑类型"— "复制"创建一个新的竖梃类型,将"名称"改为"50×75",将"厚度"改为"75","边 2 上的宽度"改为"25","边 1 上的宽度"也改为"25",点击"确定"(图 4-70)。

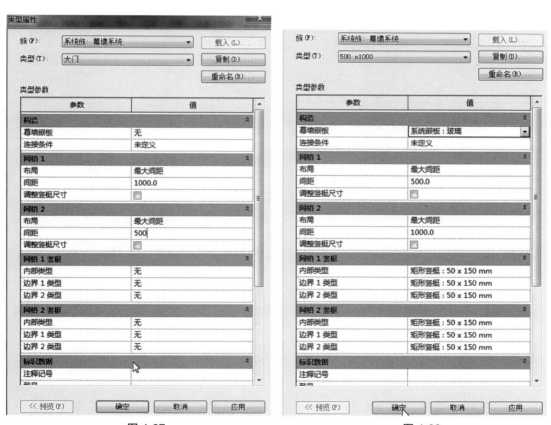

图 4-67   图 4-68

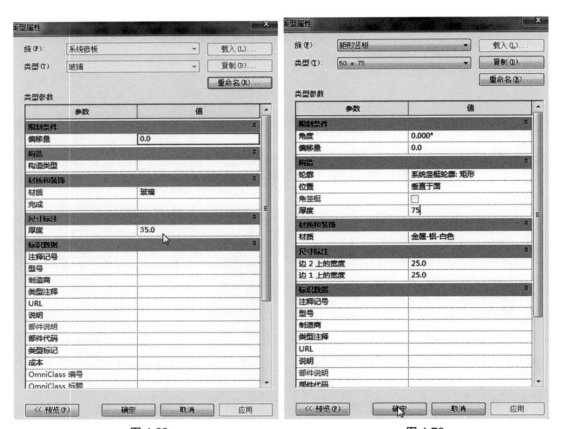

图 4-69   图 4-70

选中半圆柱幕墙,点击"编辑类型"将"网格 1 竖梃"下的"内部类型""边界 1 类型""边界 2 类型"均设置为"矩形竖梃:50×75",同样也将"网格 2 竖梃"下的"内部类型""边界 1 类型""边界 2 类型"均设置为"矩形竖梃:50×75",点击"确定"(图 4-71)。

选中半圆形幕墙,点击"编辑类型"将"网格 1 竖梃"下的"内部类型"设置为"矩形竖梃:50×75",同样也将"网格 2 竖梃"下的"内部类型""边界 1 类型""边界 2 类型"均设置为"矩形竖梃:50×75",点击"确定"(图 4-72)。

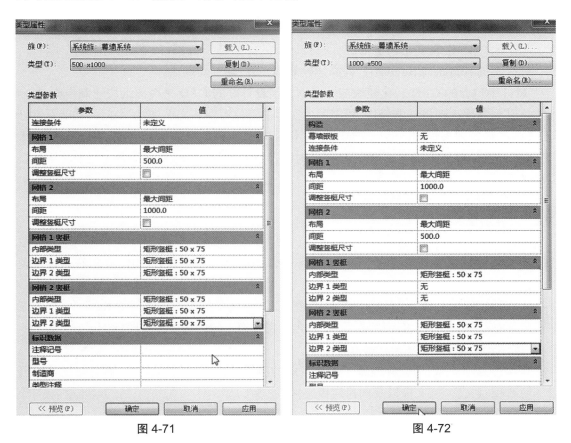

图 4-71　　　　　　　　　　　　　　图 4-72

现在我们就完成了整个体育馆的模型绘制。

第 5 章　快速建模入门

5.1　红瓦科技与"建模大师"

"建模大师（建筑）"是由上海红瓦科技研发的一款基于 Revit 的本土化快速建模软件，其目标是辅助 Autodesk Revit 用户提高建模效率，缩短建模周期。

软件中包含的 CAD 转化模块能够根据已经设计好的 CAD 平面图纸快速制作成 Revit 模型。其他的快速建模功能模块，根据国内实际的建模习惯和需求，做了专门的功能开发处理，支持批量处理大量构件的创建或修改工作。软件支持的专业包括建筑、结构。"建模大师"这款产品能够极大地缩减 BIM 建模的时间及成本，促进 BIM 技术的普及以及在更广泛领域的应用。

5.2　插件安装

该插件的官方下载地址为 www.hwbim.com，2015 至 2020 版本的 Revit 均在其适用范围内。

下载适用安装包后，双击进行安装（注意：安装前需要关闭正在运行的 Revit）。根据安装引导，完成安装过程。安装完成后，桌面会出现建模大师的快捷方式图标。

双击图标即可启动建模大师软件。

点击登录用户账号，软件内置了各个专业的项目模板，也可添加样板，软件可记忆打开过的所有项目文件、族文件以及项目样板文件（图 5-1）。

可直接打开和升级建模大师产品；也可直接进入第三方软件官网（图 5-2）。

该插件提供大量的 BIM 学习资源及线下培训视频（图 5-3）。

新建或点击"工程"即可启动 Revit，并使用建模大师功能产品授权。注册红瓦账号，登录软件，一个账号、一台电脑可以免费申请一次 15 天试用。

试用申请流程如下：点击"建模大师（建筑）"页签下的"授权"按钮，在弹出的"红瓦账号登录"框中点击"免费试用"（图 5-4），进入"免费试用"界面，填写信息后，点击"免费试用"按钮，即申请成功（图 5-5）。再点击"授权"按钮，就可以看到试用申请状态了。绑定一台电脑后需 8 个小时之后才能更换电脑绑定（图 5-6）。

图 5-1

图 5-2

图 5-3

图 5-4

图 5-5

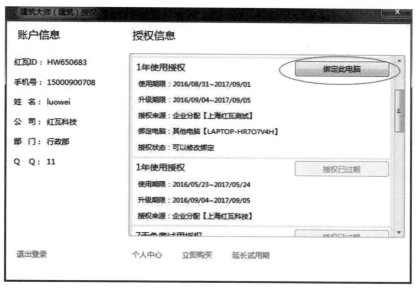

图 5-6

5.3　项目管理模块

5.3.1　新建项目文件

通过建模大师客户端,可以直接新建项目文件(.rvt)和族文件(.rfa)。

选择 revit 版本后直接点击所需的项目样板(图 5-7),输入项目名称并选择保存路径,即可完成创建新项目文件的过程(图 5-8),新建族流程与新建项目相同。

图 5-7

图 5-8

　　拖动项目文件或族文件到建模大师图标,也可打开。当电脑上安装有多个 Revit 版本时,建模大师会自动判断文件上次保存的版本,并优先以上次版本的 Revit 打开。 点击"打开"按钮,在弹出框中选择项目文件。

5.3.2　查找项目文件

　　通过客户端的分类和搜索功能,可以非常方便地快速查到需要打开使用的项目文件(图 5-9)。在卡片模式下,可以直观地以工程文件预览图查找文件(图 5-10)。

　　点击图 5-11 所示按钮,可以将工程文件视图切换为列表模式。在列表模式下,可以查看更多的工程文件信息(图 5-12)。

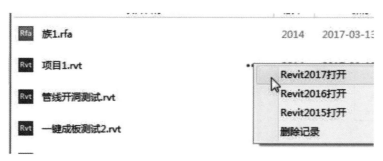

图 5-9

图 5-10

图 5-11

图 5-12

将鼠标移动到条目上，名称后面即可出现更多按钮，点击这些按钮可以对工程文件进行更多操作（图 5-13）。点击文件后的位置，即可直接打开相应的文件夹（图 5-14）。

图 5-13

图 5-14

5.4　CAD 图纸转化及快速建模

5.4.1　基本流程

基本流程：插入 CAD 图纸（链接）→选择相应的 CAD 图层→识别数据→调整识别后的参数→生成 Revit 构件，如图 5-15 所示。

CAD 图纸转化及
快速建模

需要注意的是，确保图层要提取到正确的对话框；确保图层要完全提取；不要多选图层；CAD 转化不能保证 100% 成功。如果转化结果中有少部分错误，是正常现象，手动修改即可。如果错误较多，检查操作流程是否有问题。无法解决时可以联系"建模大师官方网站"。

如果多张图纸合并在一个 dwg 文件中，需要先将整个 dwg 文件分割为每张图纸一个 dwg 文件。需要转化的 CAD 文件导入时导入单位一定要选择毫米，其他参数默认不动（图 5-16、图 5-17）。

成功导入后就可以开始转化 CAD 了。

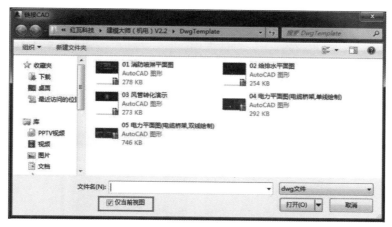

图 5-15

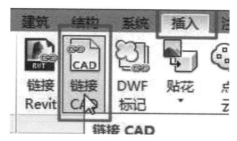

图 5-16

图 5-17

5.4.2　轴网转化

点击"轴网转化"按钮，在弹出的对话框中，点击"提取"按钮（图 5-18）。 在 CAD 图纸上点击选择轴线图层，选中后，轴线图层会隐藏（图 5-19）。选择完成后，在右键菜单中点击"取消"选项，返回提取对话框（图 5-20）。用同样的方法提取轴符层（图 5-21）。 全部提取完成后，选择要生成轴网的类型，点击"开始转化"按钮，即生成 Revit 轴网（图 5-22 至图 5-24）。

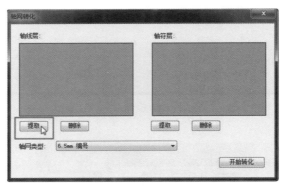

图 5-18

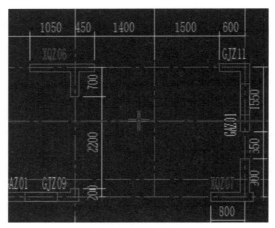

图 5-19

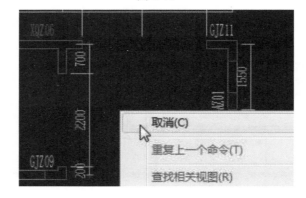

图 5-20

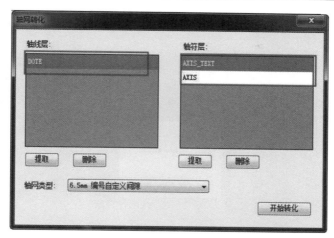

图 5-21

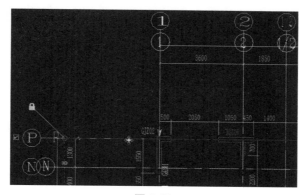

图 5-22

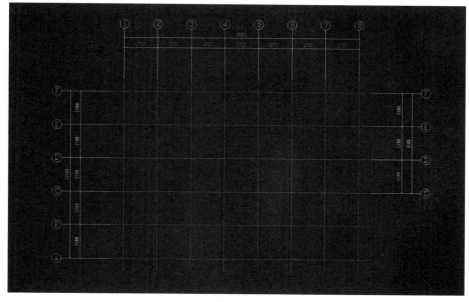

图 5-23

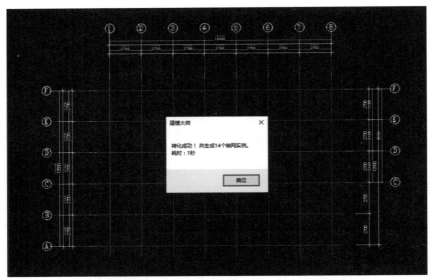

图 5-24

5.4.3　桩及其他结构部分的转化

　　点击"桩转化"按钮,提取 CAD 图层的流程同"5.4.2 轴网转化"。 提取完成后,点击"开始识别"按钮,弹出识别后的构件预览列表(图 5-25),列出从 CAD 图纸识别出的构件数量以及构件参数。

□	名称	尺寸(mm)	高度(mm)	顶部偏移(m)	混凝土等级	数量
☑	CT0	三角形	600	0.000	C30	29
☑	CT0-1	2000x800	600	0.000	C30	19
☑	CT0-2	六边形	600	0.000	C30	12
☑	CT0-3	3200x2880	600	0.000	C30	2

承台转化预览　　　　　×

成功识别62个　　　　　批量修改

上一步　　　　　生成构件

图 5-25

　　列表中,非圆形、矩形的构件尺寸以及构件数量列不可修改,其余都可以修改。在"批量修改"中可修改一些参数(图 5-26)。修改完成后,点击"生成构件",即可生成 Revit 实例构件(图 5-27)。混凝土等级参数信息自动添加在构件属性中(图 5-28)。

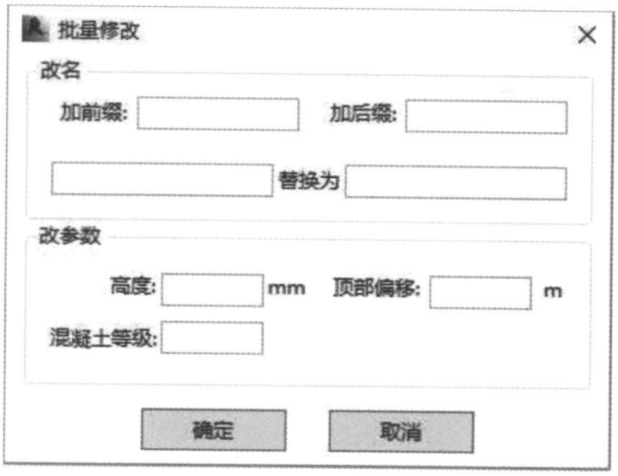

批量修改

改名

加前缀：　　　　　　　　　加后缀：

　　　　　　　　　　　替换为

改参数

高度：　　　　mm　顶部偏移：　　　　m

混凝土等级：

确定　　　　取消

图 5-26

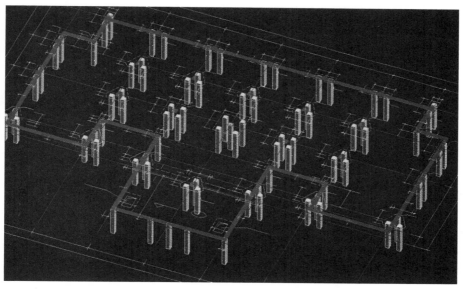

图 5-27

　　需要注意的是，如果在平面视图没有看到生成的构件，可能是视图范围不对，请切换到三维视图查看或调整视图范围。只要有封闭区域图形就可以转化，没有标注也可以转化，支持各种异型截面转化。

　　"承台转化""柱转化"的流程均与"桩转化"相同。

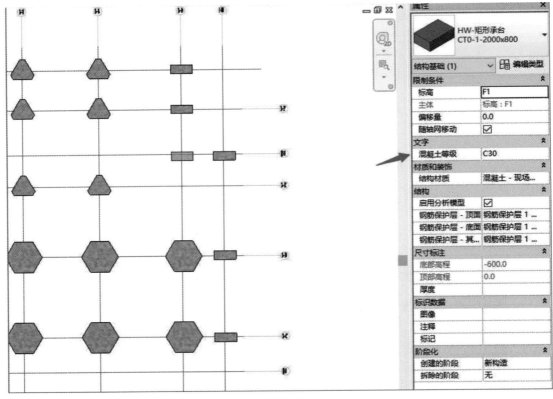

图 5-28

5.4.4　墙转化

点击"墙转化"按钮，提取墙线的图层。提取附属在墙上的门窗线图层（如果有柱图层将墙线断开，最好一起作为门窗图层提取），流程同上。

预设墙宽。预设好需要转化墙的所有宽度，只有设置好墙宽，墙才能识别和生成（图5-29）。点击"添加"按钮，然后双击"修改"即可。结构墙转化支持识别标注，把标注层提取在边线层即可。选择要生成墙类型的"参照族类型"，即以这个墙为模板创建族类型，除墙宽之外，所有属性参数都继承自"参照族类型"（图5-30）。"墙转化预览"列表中显示识别到的墙数量及参数，点击"生成构件"生成墙实例（图5-31、图5-32）。

需要注意的是，可以利用预设墙宽，分批转化墙。

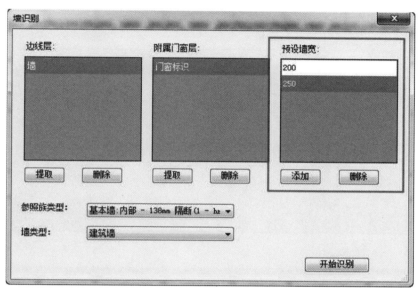

图 5-29

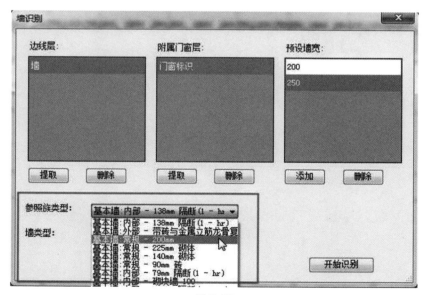

图 5-30

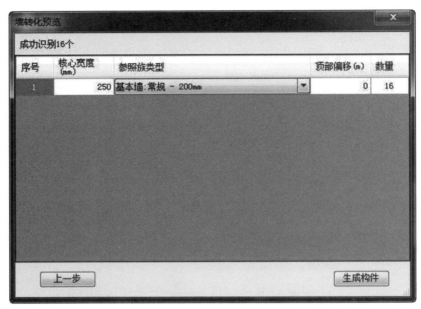

图 5-31

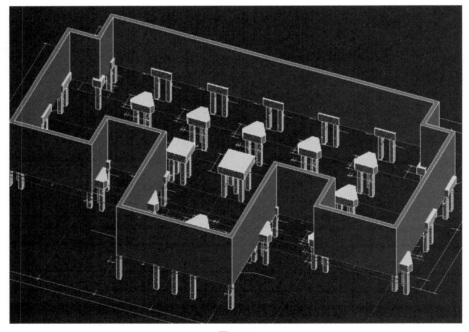

图 5-32

5.4.5　房间转化

　　点击"房间转化"按钮,弹出"房间识别"对话框,显示"房间名图层"(图 5-33),点击

"开始识别",弹出"房间转化预览"对话框,这里支持修改和批量修改房间名称(5-34),点击
"生成房间"完成房间转化(图 5-35)。

图 5-33

图 5-34

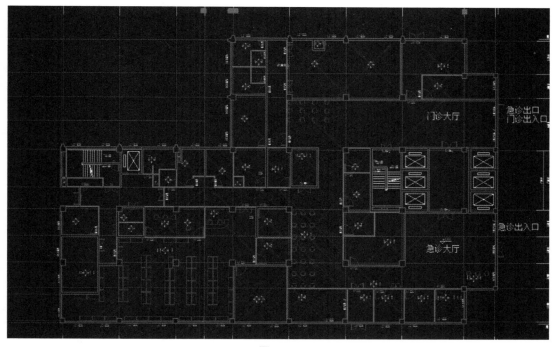

图 5-35

5.4.6　门窗表转化

　　门窗表转化前必须先把门窗族载入项目中,点击"门窗表转化"按钮,弹出"提取门窗
表"对话框,点击"确定"框选门窗表(图 5-36),框选完成之后弹出转化预览界面(图 5-37)。

图 5-36

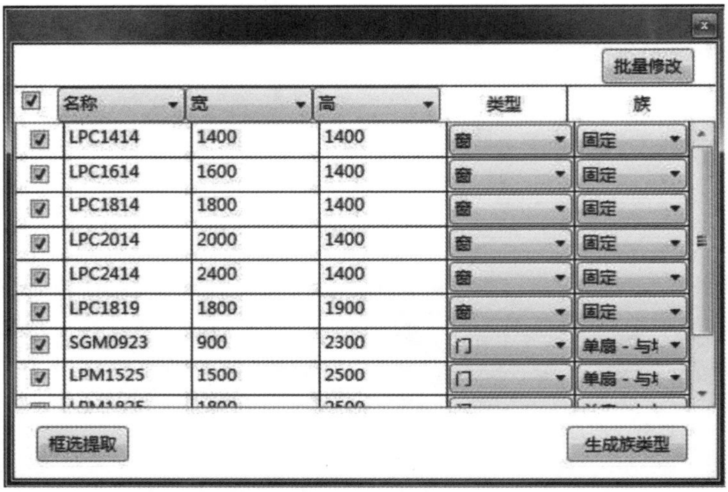

图 5-37

"名称""宽""高"支持自定义修改，"类型"下拉列表可以选择门或窗，"族"下拉列表显示的是项目中所有的门窗族，以上的内容支持批量修改，"框选提取"支持再次提取门窗表内容，点击"生成族类型"（图 5-37）完成（图 5-38）。

5.4.7　门窗转化

门窗转化前必须先转化好墙，门窗下没有墙，无法生成。如果使用自己的门窗族，需要先根据"门窗表"图纸创建好门窗的族类型，如果使用建模大师自带门窗族，可不用创建。

点击"门窗转化"按钮，提取图层的流程同上，如果使用建模大师自带门窗族，选择"自动生成门窗族"，如果使用自己的门窗族，选择"匹配已有门窗族"（图 5-39）。

提取门窗线及门窗标注，如果已生成的 Revit 墙将 CAD 图层挡住，可以先将 Revit 墙类别隐藏，转化完成后再显示。在"门窗转化预览"表中，根据识别到的门窗名称自动对应已经做好的门窗族，如没有对应成功，可手动调整（图 5-40）。

点击"生成构件"，生成门窗实例（图 5-41）。

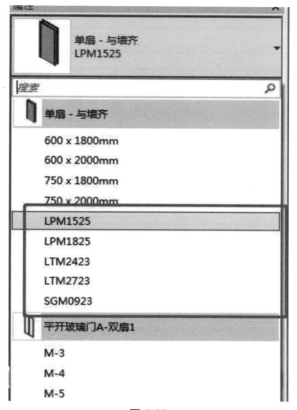

图 5-38

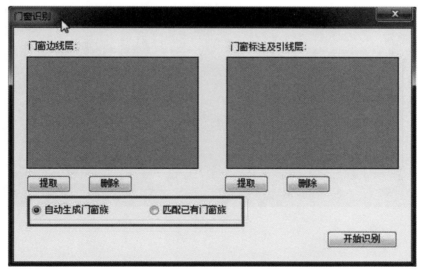

图 5-39

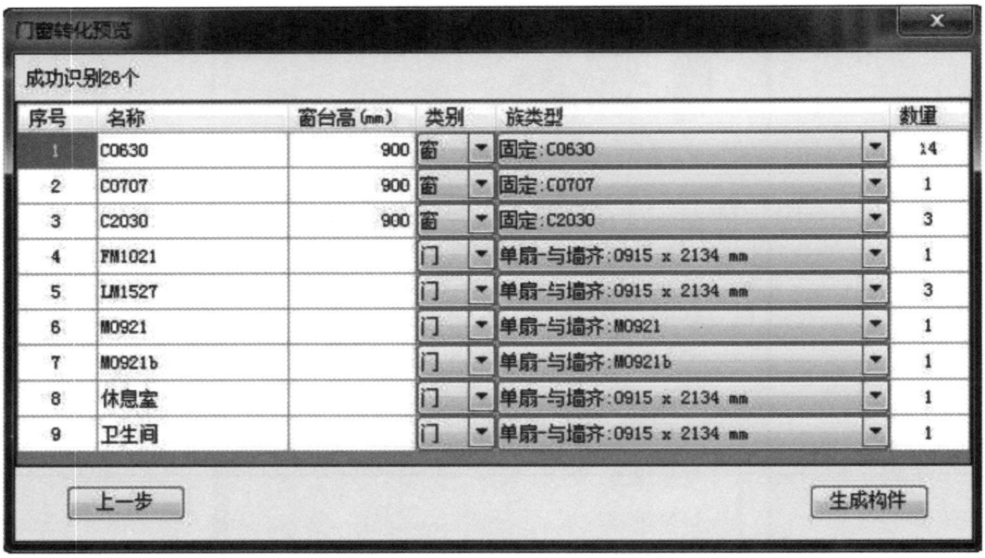

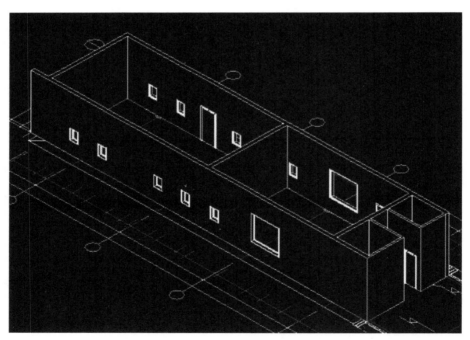

图 5-40

图 5-41

5.4.8　梁转化

点击"梁转化"按钮，提取梁线图层和梁标注图层。

注意梁图层较多，要检查是否完全提取。梁转化前需要先创建好柱墙构件模型作为梁的支座，才能正确识别梁跨（图 5-42 ）。

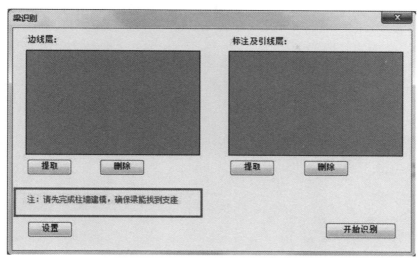

图 5-42

识别后,在"梁转化预览"界面,显示识别出的梁数量及其他数据,并且可以再次提取梁表(图 5-43),未识别到标注的梁将自动以"L0-N"表示,高度为"1"。直接框选梁表内容可以提取至表格中,确认之后可以匹配到现有的梁转化预览界面中(图 5-44)。

成功识别76个　　　　　　　　　　　　　　　　　　　提取梁表　　批量修改

	名称	尺寸(mm)	顶部偏移(m)	顶部标高(m)	混凝土等级	数量
☑	KL1 (4)	300x600	0.000	3.000	C30	1
☑	KL10 (3)	400x650	0.000	3.000	C30	1
☑	KL11 (2)	550x600	0.000	3.000	C30	1
☑	KL12 (2)	300x600	0.000	3.000	C30	1
☑	KL2 (6)	400x700	0.000	3.000	C30	1
☑	KL3 (6A)	400x700	0.000	3.000	C30	1
☑	KL4 (3)	400x700	0.000	3.000	C30	1
☑	KL5 (1A)	400x700	0.000	3.000	C30	1
☑	KL5 (1A)	400x700	0.000	3.000	C30	1

上一步　　　　　　　　　　　　　　　　　　　　　　　生成构件

图 5-43

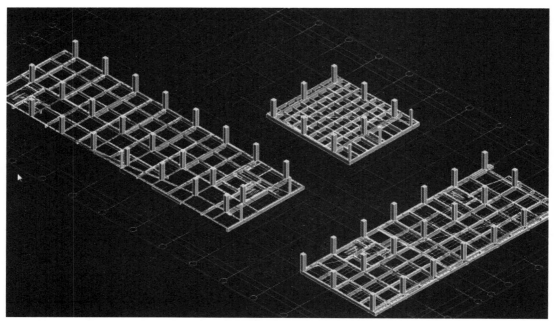

名称	宽	高	偏移量	梁顶标高
L-1	200	400		14.650
L-2	200	400		14.650
L-3	200	600		14.650
L-4	200	600		14.650
L-5	200	300		14.650

框选提取　　　确定　　取消

单跨⋯支梁⋯筋表　梁⋯筋　⋯2,12

梁编号	截面	底筋	支座负筋	箍筋	腰筋	顶标高
L-1	200X400	3,,16	2,,12	,,8@200(2)		14.650
L-2	200X400	3,,20	3,,12	,,8@200(2)		14.650
L-3	200X600	5,,22 2/3	2,,12+2,,14	,,8@200(2)	4,,10	14.650
L-4	200X600	5,,20 2/3	4,,12	,,8@200(2)	4,,10	14.650
L-5	200X300	2,,12	2,,12	,,8@200(2)		14.650

图 5-44

　　　点击"生成构件"，生成梁实例（图 5-45）。梁编号、混凝土等级等参数信息自动添加在构件属性中（图 5-46）。

图 5-45

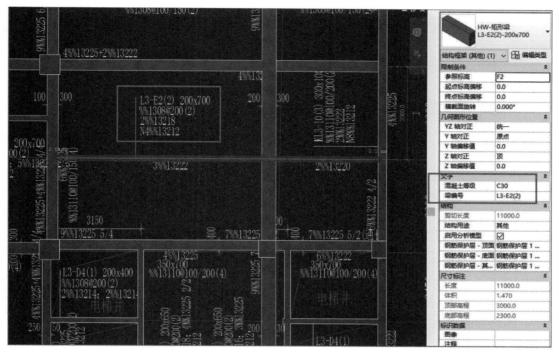

图 5-46

需要注意的是，有平法集中标注或原位尺寸标注的梁图才能被转化。

5.4.9　室内构件转化

点击"室内构件转化"按钮，在弹出的对话框中选择"族""族类型""附着""标高偏移"（图 5-47），单击选择 CAD 中需要转化的图块即可完成转化（图 5-48）。

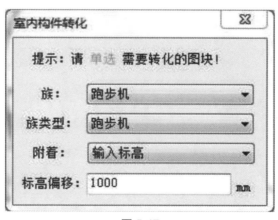

图 5-47

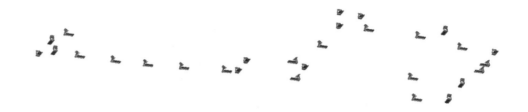

图 5-48

5.4.10　场地构件转化

　　点击"场地构件转化"按钮，在弹出的对话框中选择"族""族类型""附着""标高偏移"（图 5-49），单击选择 CAD 中需要转化的图块即可完成转化（图 5-50）。

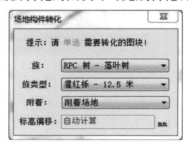

图 5-49

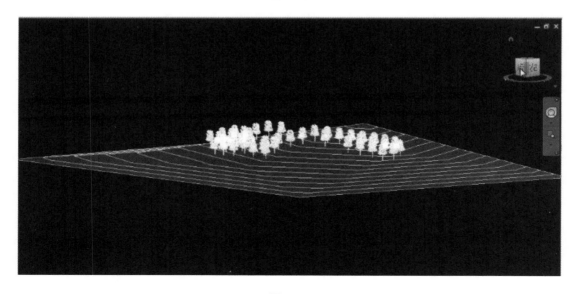

图 5-50

第 6 章　ARCHICAD 建模

目前,在全球的 BIM 应用中, Revit 其实仅仅是核心建模软件之一,除此之外, ARCHI-CAD 在北美、欧洲和日本等地区和国家也有广泛的应用。本书的最后一部分介绍该软件建模的方法,这也是国内首次将两款软件放在一起对比教学。

在本章中我们将使用 2D 场地信息来开始创建项目,然后对基本的建筑外表面建模。例如,创建一个地板并在项目中添加一些墙和柱。虽然这都是一些简单的操作,但我们会强调一些重要的核心设计理念:所有的 ARCHICAD 建筑元素是 "真实" 的 3D 对象,您可能要在平面视图上创建一个墙或板,但它们的 3D 视图也会在任何时间立刻呈现。这能让用户在其自己的 3D 环境中查看项目(瞬间、实时的 3D 反馈)并作出更好、更明智的设计决策。

6.1　启动 ARCHICAD

现在来看看我们将要创建的项目。在桌面上双击 ARCHICAD 程序图标,启动 ARCHICAD。ARCHICAD 启动画面将在启动 AR-CHICAD 20 对话框之后很快出现,并提供一些选项(图 6-1)。

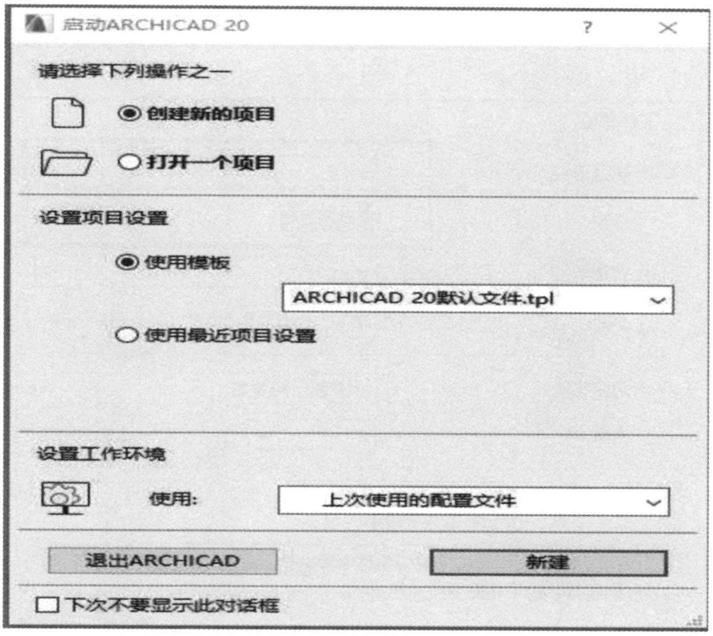

启动 ARCHICAD

图 6-1

在设置工作环境的列表中,选择 "使用标准配置文件 20"。创建的新建项目依据

ARCHICAD 的标准模板。 该模板已经包含了图层、填充物、材料和复合结构,从一开始就可以进行辅助设计。随后,也可以创建符合自己的设计和办公室标准的模板,将项目保存在以后很容易找到的位置。

　　把默认的工作单位从"mm"修改为"m"。这不会影响模型的尺寸,但会影响数据输入的准确性。 打开"选项"—"项目个性设置"—"工作单位"（图 6-2 ）,将"模型单位"设置为小数点后保留 2 位,点击"确定"（图 6-3 ）。

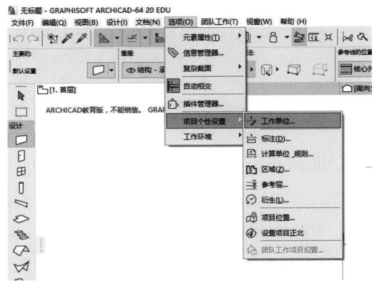

图 6-2

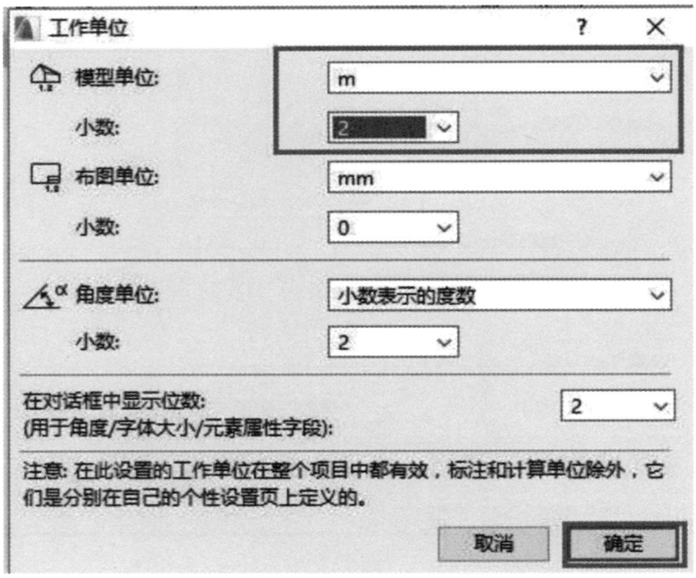

图 6-3

6.2　工作图的设置

通常,建筑被设计在实际位置,因此,方向和地理参数提供了设计的初始环境。ARCHICAD 能够导入多种数据格式来保证建筑师将其用作本地建筑环境。 例如点云、谷歌地图地形简单的 DWG/DWF 文件。

在练习中,我们将遵循建筑师与测量员协同工作的最典型的工作流程——导入一个 DWG 文件来进行场地建模。

ARCHICAD 中被称为工作图的专用工作空间可用于管理所有的外部 2D 数据。打开"浏览器" — "项目树状图"(图 6-4),并右击"工作图"项目,选择"新的独立工作图..."(图 6-5)。设置"参考 ID"为"场地",点击"创建"(图 6-6)。

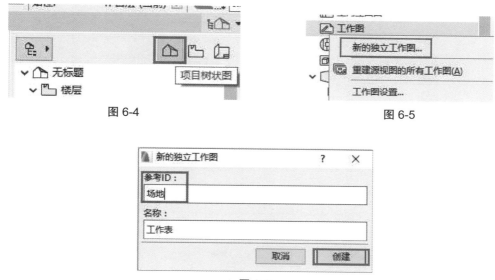

图 6-4

图 6-5

图 6-6

工作图自动打开并且其标签也将出现。现在可以导入 DWG 数据并将其放置在项目中。

依据数据能够被更改,在项目中有两种使用 2D 数据的方式。如果认为在项目过程中数据可以被修改,就使用 Xref 链接方法。这样,在初始的外部文件和 ARCHICAD 项目之间有一个活动链接,确保了万一外部文件修改,能非常简单地更新内容。 如果在整个项目生命周期中数据没有被修改,您也可以将内容合并进 ARCHICAD 项目中。在这种情况下,所有元素将被转换成本地的 ARCHICAD 元素,并且可以在今后进行编辑。

现在,点击"文件" — "外部内容" — "附加 Xref..."(图 6-7),在出现的对话框中,点击顶部的"浏览"来定位 W-01 Site .dwg 文件。设置选项如图 6-8 所示,如果提示,点击"附加"并点击"跳过"来选择字体文件。

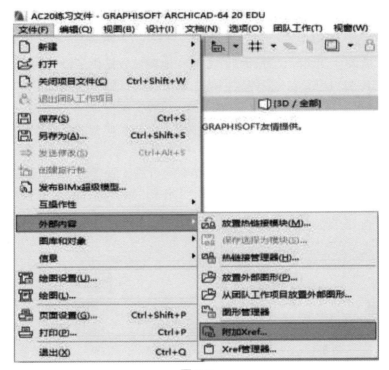

图 6-7

图 6-8

　　将图形放置在项目中,选择标记有"x"的 ARCHICAD 的默认起始点作为 Xref-dwg 的部署点,即出现"DWG/DXF 部分打开"对话框,离开所有选中的图层并点击"确定"(图6-9)。

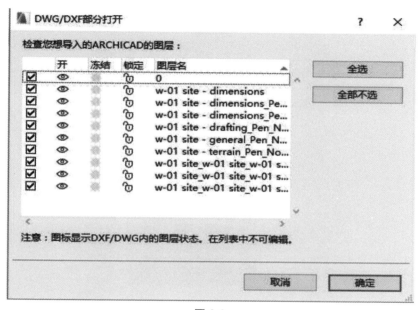

图 6-9

　　点击任意元素,用褪色的节点选择画线。这意味着它是不可编辑的,因为它是另一个文件的一部分。附加 Xref 的状态可以在"文件"—"外部内容"—"Xref 管理器..."下监控。初始的 Xref 修改,可以通过从该对话框中重新加载来进行更新。

6.3　地形建模

　　本节将以直线作为基本的几何图形,用于我们的地形网面。

　　切换到"浏览器"—"项目树状图"—"1. 首层平面图",右击浏览器中的 W-01 场地作图并选择显示描绘参考来选择它作为一个追踪视图。点击工具栏中"跟踪和参考"按钮旁的箭头并从列表的底部选择描绘与参照来打开"描绘与参照"面板(图 6-10)。

地形建模

　　打开参照设置,勾选"所有类型"复选框并点击"将设置应用到所有参照"来确保跟踪始终表现相同的方式(图 6-11),关闭面板。

　　如果仍不能看到直线,则它们的图层可能是隐藏的。打开"图层设置"对话框,通过Ctrl/Cmd+L,向下滚动到图层的列表中, Xref 的图层与本地的 ARCHICAD 图层是分开的,点击眼睛图标使它们可视,然后点击"确定"。

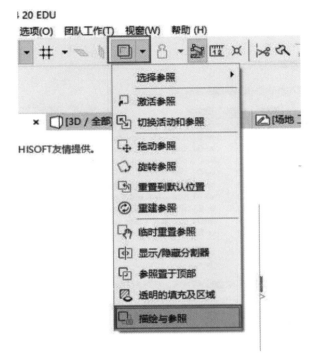

图 6-10

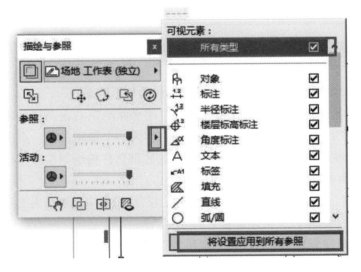

图 6-11

　　激活网面工具（点击工具栏中的网面工具）并双击其图标，"网面设置"对话框打开，设置网面属性如下。

　　（1）网面高度：2 m。

　　（2）始位楼层（首层平面图）到项目零点的层高为 -0.1。

　　（3）选择实体主体作为结构。

　　（4）设置土壤作为建筑材料。

　　（5）不勾选"覆盖填充"，它位于"平面图和剖面"面板。

　　（6）用"草 - 绿色"覆盖表面。

　　（7）选择"使所有脊线尖锐"。

　　（8）类别和属性：如果您想与任意使用 3D 应用程序的工程师沟通设计，则需要填写这些字段，使外部应用程序可以正确识别它们。将结构功能设置为"非承重元素"，位置设置为"外部"（图 6-12），点击"确定"。

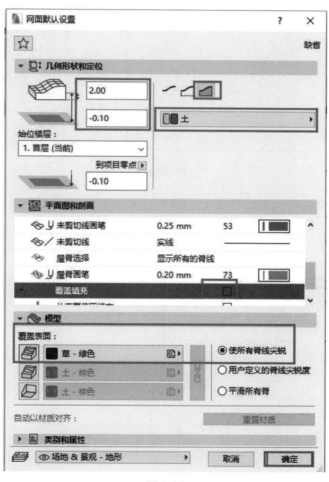

图 6-12

在信息框中设置矩形"几何方法"，并点击场地矩形的两个相反的点来创建一个网面（图 6-13），用 Shift + 选择网面（请首先确定已激活网面工具）。

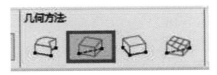

图 6-13

按下键盘上的空格键并用鼠标逐一点击等高线以将它们添加到网面上。选择"按用户定义的脊线调整"，该选项在"新建网面点"对话框中（图 6-14）。

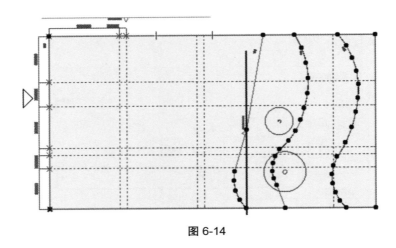

图 6-14

为设置相同层高高度的网面点高度，选择网面并从右点击第二根直线上的点，当弹出式小面板出现时，点击"提升网面点"，将"高度"设置为"0.50"并勾选"应用到所有"复选框，所以该直线上的所有节点将被提升到同样的高度，点击"确定"（图 6-15）。

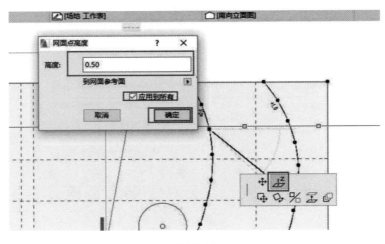

图 6-15

在右侧的直线上重复此动作并将提升网面点高度设置为 1.00（图 6-16）。

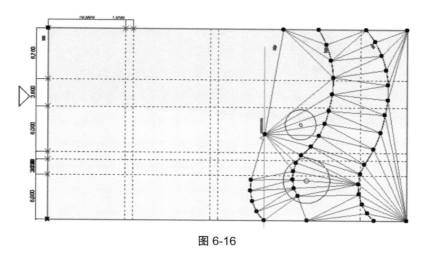

图 6-16

现在逐一提升右侧的两个角。点击右上角，再次选择"提升网面点"并将高度设置为"1.00"，但是不勾选"应用到所有"复选框，否则矩形上的所有点都将提升。在下面的角落重复此动作，结果如图 6-17 所示。

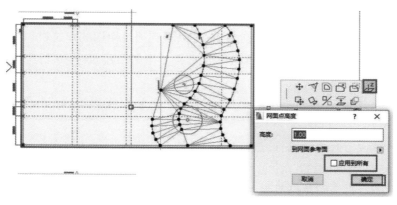

图 6-17

右击所选的网面，并选择"在 3D 中显示选择 / 选取框"来检查其形状。如果没有完全显示，点击屏幕底部的"布满窗口"按钮（图 6-18）。如果显示，转到视图并点击"编辑平面显示"来关闭编辑平面（图 6-19）。

图 6-18

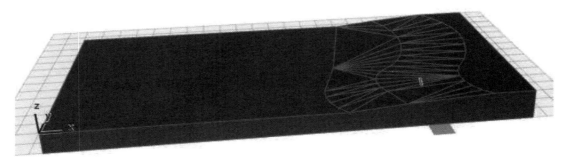

图 6-19

6.4　外墙

墙可以用多个复合层来表示真实的结构,包括加载的承重结构、保温隔热层和饰层。在方框外，ARCHICAD 包含了一组填充和复合结构,但是现在我们将创建带有白色砖块饰层的复合结构来表示建筑的外墙。

外墙

6.4.1　建筑材料

由于默认情况下白色砖块材料不存在,所以我们要创建它。点击"选项"—"元素属性"—"建筑材料...",在左侧出现的对话框中,可以看到项目使用的建筑材料列表。每种材料都是模拟一种被称为交叉优先级设置的真实材料。当两个建筑碰撞时,这些优先级设置将控制我们的节点稍后将如何出现。

有高优先级的材料,在连接点中将更重要。在右侧,可以将剪切填充分配给用 2D 表示的材料和用于 3D 的表层材料。

建筑材料名称设置有预览图标,选择材料"砖块 - 装修",并点击底部的"新建",在出现的对话框中选择"复制"并设置一个名称"砖块 - 装修（白色）",点击"确定"。

将剪切填充前景画笔颜色修改为 161 并将表面修改为"砖 - 自然白色"（图 6-20）,点击"确定"关闭对话框。

6.4.2　复合结构

打开"选项"—"元素属性"—"复合结构"（图 6-21）,选择最适合所需的表面结构:"215 块保温隔热腔",点击"复制"并设置一个新的描述性名称"外墙"。选择砖块表面并将其建筑材料修改为"砖块 - 装修（白色）",通过按下表面名称旁边的箭头按钮选择它。通过选择它来删除空气间层表面并点击"去除复合层"按钮。将"保温隔热 - 塑料硬度"改成"保温隔热 – 矿物硬度"并将厚度设为 0.10。将"混凝土砖 - 结构"厚度修改为 0.25。插入复合层"灰泥 - 石膏",将厚度修改为 0.02（图 6-22）。

图 6-20

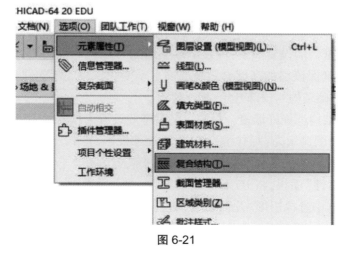

图 6-21

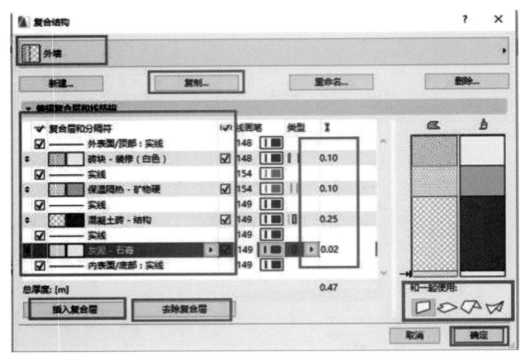

图 6-22

材料层可以代表不同的结构功能，比如承重结构、饰层或其他。可以在编辑复合层和线结构面板中一层一层地设置复合层。复合结构也可以被分配到其他结构，例如板和壳体。这个特殊的结构是典型的墙，但是通过点击和一起使用图标可以将复合结构分配到其他建筑结构。稍后，复合结构将仅在"被分配的元素类型的设置"对话框中出现。

现在，我们来定义墙的设置。

切换到"浏览器"—"项目树状图"—"1. 首层平面图"并取消选定网面，激活墙工具并打开其设置对话框。墙设置如下：墙顶部链接到 2. 楼层 和 1.00 作为上部偏移到上部链接楼层。该功能将确保该墙的高度会跟随层高自动变化。将底部偏移到始位楼层设置为 -0.10，因为它将从基础结构的顶部开始，稍后建模。

用选定的复合结构选择外墙复合材料。将参考线设置为核心内表面。在"平面图和剖面"面板中设置平面图显示为：所有相关楼层，带顶部投影，整个元素。这样，整个墙壁将在所有相关楼层上可视（即使是水平剪切平面以上的部分）。

打开"类别和属性"面板，将 ID 和类别设置为：承重元素，外部，墙；图层：结构 - 承载（图 6-23），在信息框中选择矩形"几何方法"并点击两个标记点来创建墙。对于该操作，强烈推荐通过"视图"—"栅格显示"关闭栅格显示，因为我们需要轴线和虚线互相覆盖。稍后可以再次打开栅格（图 6-24）。在 MAC 系统上按 Fn+F4 或在 Windows 系统上按 F5 在 3D 中显示全部（图 6-25）。

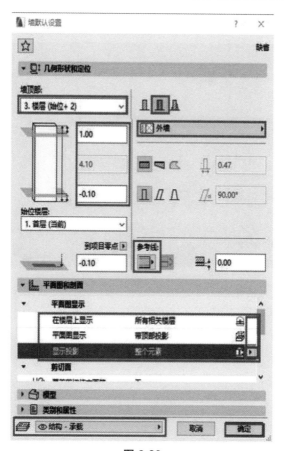

图 6-23

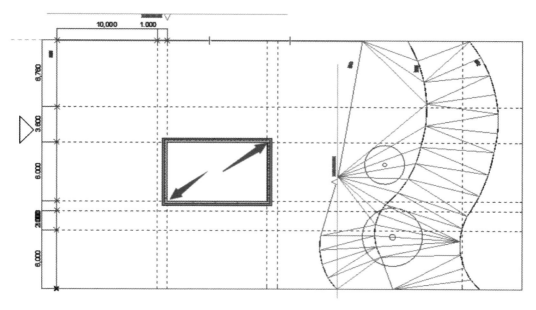

图 6-24

图 6-25

绘制墙线时，首次点击后深黑色直线就像橡皮筋一样跟在光标后。这条线是墙的参考线并且墙的宽度是从该参考线开始测量的。参考线流畅地连接墙并且用光标帮助墙定位。

6.5　楼板

本节将用板工具为内部板和外部人行道建模。

6.5.1　属性管理器

假设正确的复合层设置在当前项目中不可用，但是在另一个项目中使用过正确的复合结构，这种情况下，可以从其他文件中导入现有的复合结构。下面来看一个例子。打开"选项"—"元素属性"—"属性管理器..."（图 6-26），在该对话框中，可以在左边的一个地方审查所有像属性一样的特性，例如图层、材料、复合结构等。如果它当前在项目中使用，属性旁边的复选标记显示。在右边，可以打开另一个项目的属性设置，浏览并将附加属性添加到当前项目中。打开对话框的"复合结构"标签页（图 6-27），点击"打开"按钮并浏览现有项目 .pln。点击"打开"，复合结构出现在右侧，选择"带有 10 mm 瓷砖保温隔热的混凝土地板"和"外部人行道"以及不勾选"所有关联的属性"复选框，因此将只创建复合材料，但是链接到它的填充和表层材料将不能被复制。点击"附加"，复合材料在当前项目的列表中出现（图 6-28），点击"确定"，创建成功。

楼板

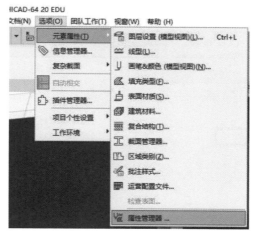

图 6-26

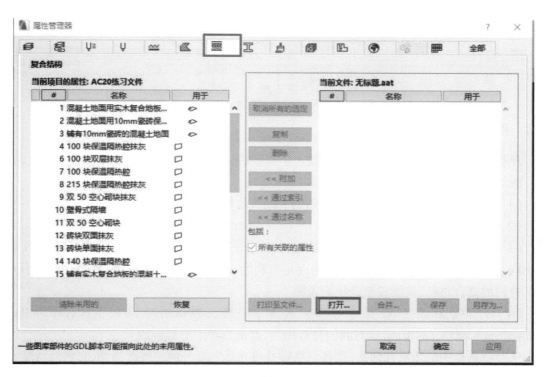

图 6-27

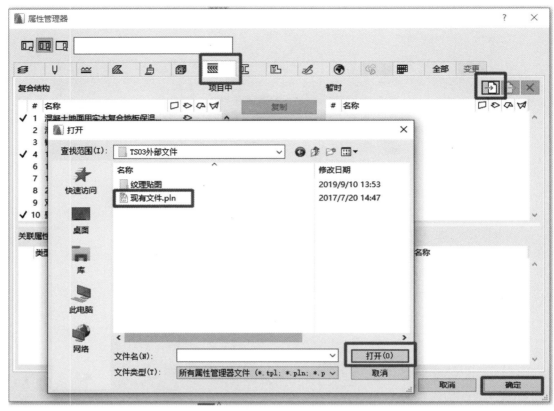

图 6-28

6.5.2 楼板和人行道

现在可以创建内部板,墙定义了板的大小和形状。

激活板工具并打开其设置,其属性如下。

(1)选择"带有 10 mm 瓷砖保温隔热的混凝土地板"作为复合结构剪切填充。

(2)将"参考面"设置为顶部 。

(3)在"模型"面板激活顶部覆盖面"木材 - 水平的有木纹的松木 "。如果有不同外观的相同结构,例如不同涂料的墙,覆盖表面是有利的。在这种情况下,不需要创建含有不同建筑材料的复合材料,就能覆盖默认的表面。

(4)将"类别和属性"设置为:承重元素,外部,板。 默认情况下,板工具有作为 PredefinedType(属性)的板面,这对我们是有用的,点击"确定"(图 6-29)。

选择信息框中的矩形几何法,按住空格键并将光标向墙外侧的底部移动,它将激活魔术棒工具来识别闭合的轮廓。当平面指示器变成接近墙底部的深灰色时点击,板将立刻出现在中间和正确的高度。自然地,板常被放置在平面图视图上(图 6-30)。

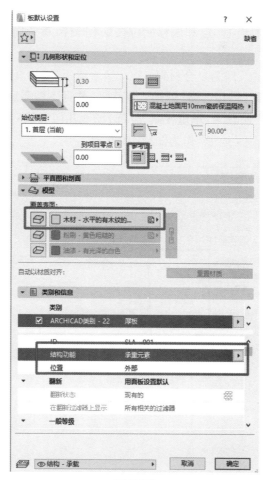

图 6-29

图 6-30

　　继续创建平面图视图上的人行道。切换到"浏览器"—"项目树状图"—"1.首层平面图"，激活板工具并设置如下。

　　（1）首层平面图作为始位楼层和偏移始位楼层（同样，参考面相对于项目零点的层高）到 -0.05。

　　（2）选择"外部人行道"作为复合材料。

　　（3）覆盖顶部和侧部材料并选择"铺地 - 砖苔藓"并且不覆盖底部表面。

　　（4）将"类别和信息"设置为：承重元素，外部，场地几何形状 。

　　（5）选择"场地 & 景观 - 地形"作为图层（图 6-31）。

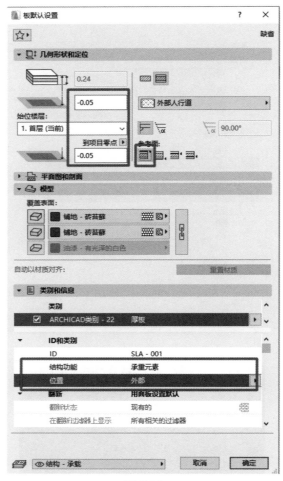

图 6-31

　　选择"多边形几何方法"并点击标记的画线的交叉点来定义外部人行道（图 6-32）。打开 3D 窗口来查看结果。现在需要一个建筑面积上的孔。选择"人行道板"并激活板工具，点击任意边缘来显示弹出式小面板 ，该面板包含了所有可用于选定元素的编辑命令。选择信息框中的"从多边形减少"命令和矩形几何方法（图 6-33），点击外墙顶部的外角。

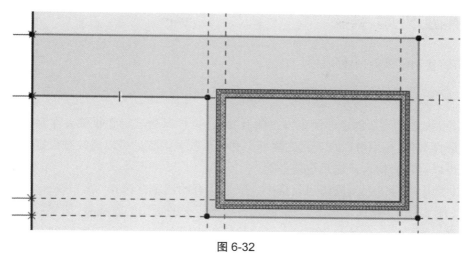

图 6-32

图 6-33

　　此处挑选了墙顶部的一个点，它自动投影到板的层高。一旦点击第二个点，在人行道板上将创建一个孔（图 6-34）。

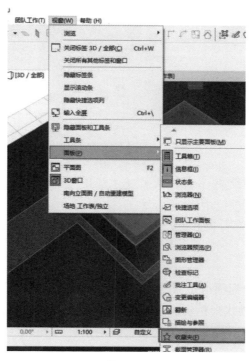

图 6-34

6.6　附加外墙

本节将使用收藏夹创建附加外墙。

6.6.1　收藏夹

附加外墙

可以用收藏夹为新创建的元素设置所有参数，也可以通过定义收藏夹保存并再次使用参数，与属性类似，稍后可以在项目之间导出和导入收藏设置。可以将收藏设置应用于现有元素，也可以将它们作为新建元素的基础。

可以使用"收藏夹"面板访问收藏夹。取消所有的选定并选择"窗口"—"面板"—"收藏夹"（图6-35）。默认情况下，可以看到一些预定义的可用的收藏夹，如果一个工具是被激活的，列表将仅显示相关的收藏夹。假设我们想使用在前述项目中创建的收藏夹，在名称页面旁边，点击"附加的设置"箭头图标来显示可用的选项，点击"导入／导出项目"。

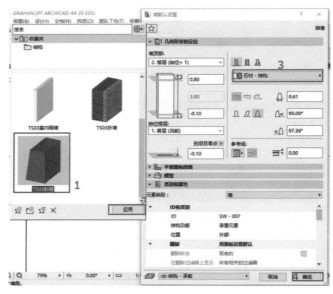

图 6-35

搜索并选择现有的收藏夹 .prf 文件，点击"打开"。在出现的对话框中点击"合并"将附加的收藏夹附加到当前项目中。"选择墙工具：外墙（倾斜的）"将出现在收藏夹列表中，关闭收藏夹面板。

6.6.2　辅助线

现在收藏夹已被添加到项目中，我们可以把它作为下一个墙元素。由于墙将有一个特殊的位置，我们将使用辅助线来精确输入，但是首先要应用新建墙。

打开首层平面图，打开"墙设置"对话框，点击顶部的"收藏夹"按钮，选择"TS03 斜墙（倾斜的）"并点击"应用"。

注意在设置对话框中进行参数设置修改,这将是一侧倾斜的坚固的石墙(图 6-36),将建筑材料设置为"石材‐结构"并在"平面图和剖面"面板上显示投影到整个元素,点击"确定"。

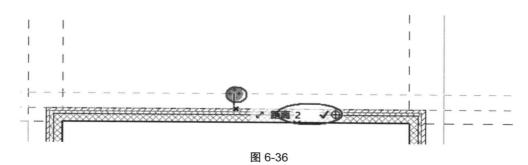

图 6-36

选择信息框中的单个几何方法和外表面上的参考线。首先,创建一个距离现有墙 2 m 的直线段,然后修改它。为找到精确定位,我们将使用辅助线。

从窗口的顶端拖动一个恒久的辅助线(例如剪切平面)并将它放置到墙的外侧。 通过人行道对面的点来点击点光源并拖动直线。键入 2,此值将出现在追踪器中,按下回车键。

如果不可视,通过按下"显示 / 隐藏追踪器"按钮,可以从标准工具栏中激活追踪器(图 6-37)。

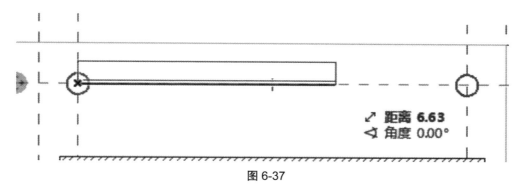

图 6-37

在辅助线的交叉点之间绘制墙并且从左侧开始绘制虚线(图 6-38)。

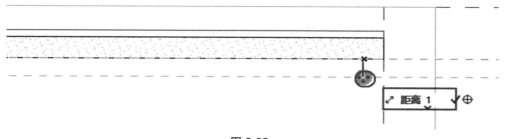

图 6-38

向下拖动恒久的辅助线并键入 d1,按下回车键(图 6-39)。

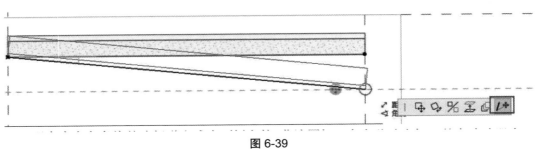

图 6-39

选择倾斜的墙，点击右侧端点并使用"拉伸"命令，将墙的末端拉到辅助线的交叉点和来自 dwg 的直线（图 6-40）。

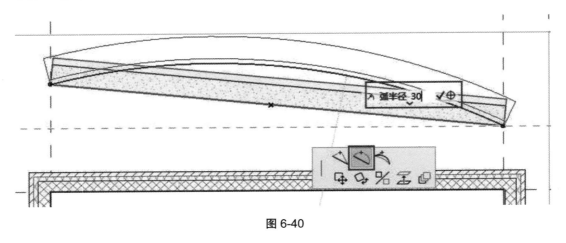

图 6-40

点击参考线并选择弹出式小面板上的"曲边"图标，向上移动光标，在追踪器中输入 30 作为半径，按下回车键（图 6-41）。

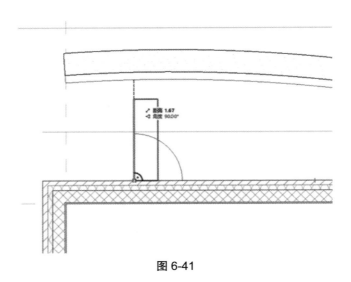

图 6-41

6.6.3　基于优先级的交叉点

对于建筑的入口一侧短墙,我们将对现有的墙使用相同的设置。

激活标准工具栏中的"吸管"按钮,光标将变成一个吸管(也可以使用快捷键"Alt + C"激活该选项)。

现在选择闭合外墙的设置,在外墙上移动吸管,它将是高亮的并且追踪器将提供一些关于墙的简短的细节,点击墙,注意,墙工具将在工具箱中被激活并且信息框也将涉及墙。

在多个元素放置在彼此上方的情况下,可以经常通过 Tab 键在它们之间切换,确保可以用吸管光标找到外墙。

打开墙设置并设置:

(1)墙顶部到"2. 楼层(始位 + 1)";

(2)上部偏移到上部链接楼层 0.00。

在创建的辅助线的帮助下绘制入口外墙的前墙和后墙,该辅助线距离墙的外边缘 1.8 m。使用核心内表面参考线并在左边向下绘制墙,在右边向上绘制墙,确保新建的墙连接现有的参考线。可以通过将它们拖动到视窗旁的垃圾桶图标上来删除恒久的辅助线并点击它们。

也可以在没有辅助线的情况下,在距离角点的特定处创建这些墙。将光标移动到角落上,直到它变为一个标记,然后键入"x 1.8+",追踪器将出现并且光标将通过 1.8 m 跳到 x 轴。点击回车键放置墙的第一个端点,为其他的墙键入"x 1.8-"(图 6-42)。

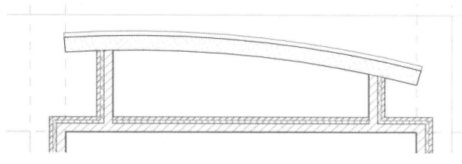

图 6-42

可以看到多个复合层的一些皮肤与石墙相交,并且外墙的一些复合层不能正确相交。这是因为复合层优先级设置不正确。当它与其他墙相交时,优先级数越大,墙或墙复合层就越强,可以将优先级设置在 0 和 9 999 之间。

通过建筑材料设置复合层优先级。选择砖墙并打开"选项"—"元素属性"—"建筑材料",复合材料所使用的材料将在列表中高亮。

选择"砌墙块 - 结构"复合层,并检查其优先级。 它是 730,意味着石墙必须有一个相等的或较高的优先级数量以避免不必要的相交。将"石材 - 结构"材料的优先级至少设置到 750,点击"确定"(图 6-43)。

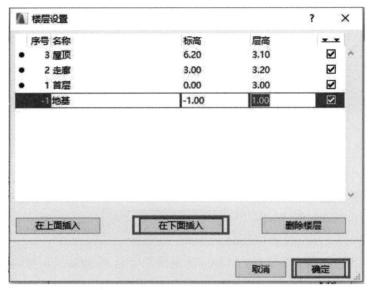

图 6-43

现在墙将正确显示。

6.7　屋顶和雨棚

项目有三个楼层：在已经工作的楼层上的现有"1.首层平面图"，我们将要创建走廊、地基和屋顶。

6.7.1　楼层

打开"设计"—"楼层设置"对话框。默认情况下，ARCHI-CAD 创建 3 层楼层的项目。选择第三层（No. 2）并将其命名为屋顶。将第一层重命名为"走廊"并输入 3.00 m 作为标高，修改层高至3.20。用选定的首层平面图，点击"输入"按钮在现有的首层平面图下插入一个新建楼层，键入"地基"并输入"1.00"作为标高（图 6-44）。

楼层

注释：也可以通过右击"浏览器"—"项目树状图"中的任意楼层来访问"楼层设置"对话框，并从快捷菜单中选择楼层设置。

6.7.2　屋顶

现在，向由柱支承的带有宽飞檐的建筑添加一个半坡屋顶来创建一个雨棚。

打开"2.走廊楼层"，激活屋顶工具并调整其设置如下。

（1）轴线高度（轴线偏移到始位楼层）：1.00 m。

（2）复合材料填充：屋顶铝。

（3）选择"单平面几何方法"并设置一个角度为 18 度。

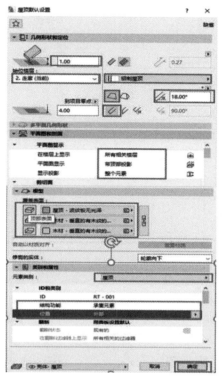

图 6-44

（4）边缘角度：垂线。

（5）平面图和剖面：所有相关楼层，带顶部投影和整个元素。

（6）顶部表面：屋顶 - 不光滑的波纹板。侧面和底部：木材 - 垂直松树纹理。

（7）标记：承重元素，外部，屋顶。

（8）图层：ARCHICAD 图层（图 6-45）。

点击"确定"。

首先通过定义其枢轴线来建造一个倾斜的屋顶，枢轴线通过点击较低的 x 方向外墙上砌筑复合层的内部角来确定（图 6-46）。

通过用眼形光标点击先前定义的枢轴线来定义倾斜的方向。使用外墙的外角绘制屋顶的周长（是其在水平面的投影）。点击选定屋顶的角热点并偏移所有边，以便角追踪虚线的交点（图 6-47）。

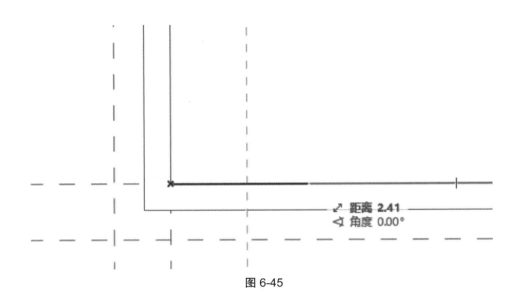

图 6-45

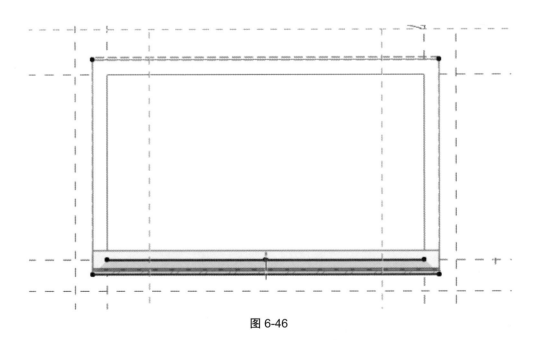

图 6-46

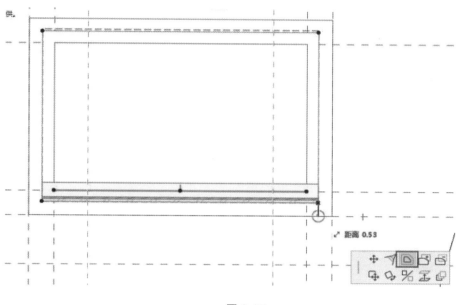

图 6-47

　　激活窗口顶部的 3D 标记,可以看到墙的顶部与屋顶没有对齐。现在将把它们修剪到正确的高度。

　　通过 Shift + 点击它们中的一个来选择墙。由于墙被分组,所以如果暂停组合关闭的默认设置(标准工具栏中),一次将选择所有的四个外墙(图 6-48)。

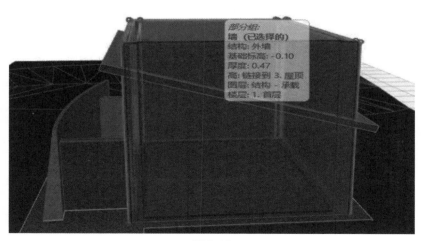

图 6-48

6.7.3　内部楼板和隔墙

内部墙板和隔墙

为放置内部门,首先需要对一些内部结构建模,如楼板和隔墙。

现在有太多的结构可视,导致走廊层的重叠。

屋顶和橡隐藏了很大一部分墙。打开"文件"—"水平剪切平面"并将"到当前楼层的剪切平面高度"从 1.10 修改为 0.80（图 6-49、图 6-50）。

图 6-49

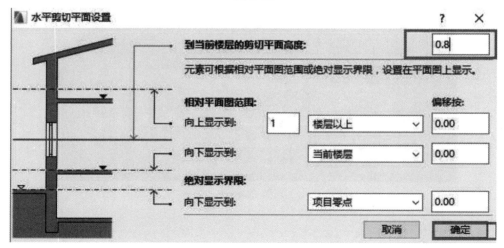

图 6-50

石墙之上的阳台板是可视的,选择斜墙,右击并选择"显示顺序"—"上移一层"。

现在我们已经准备好创建必需的板。

激活工具板并设置如下。

(1)偏移到始位楼层:0.00。

(2)始位楼层:2.走廊。

(3)复合材料:铺有实木复合地板的混凝土地面。

(4)参考面:上。

(5)模型:地板-03,油漆-有光泽的白色,油漆-有光泽的白色。

(6)类别和属性:承重元素,内部,板。

(7)图层:结构-承载。

点击"确定"(图 6-51)。

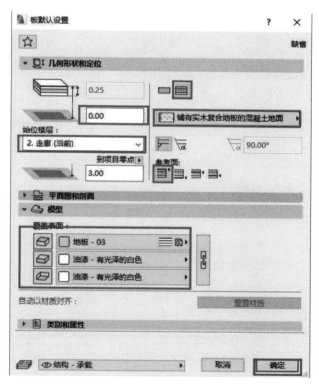

图 6-51

接下来将放置一个板,覆盖一半的空间。使用矩形几何方法并点击以下点。

(1)右侧垂直墙核心的外部二等分点。

(2)外墙核心复合层的外部最左上角(图 6-52)。

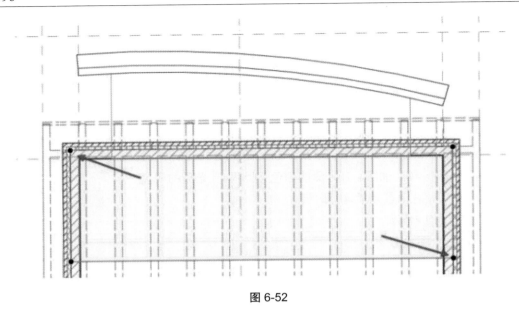

图 6-52

当完成选择新建板时，右击并选择"显示顺序"—"置于底层"，将板的边缘隐藏在墙结构的后面，检查剖面来查看结果（图 6-53 ）。

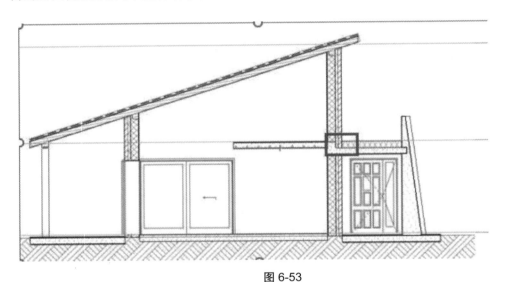

图 6-53

将"保温隔热 - 纤维硬度"（平屋顶的保温隔热）优先级的值从 420 修改到 645，它会位于砖层的下面（图 6-54 和图 6-55 ）。

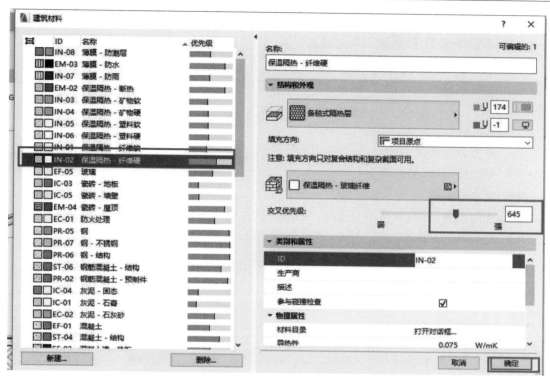

图 6-54

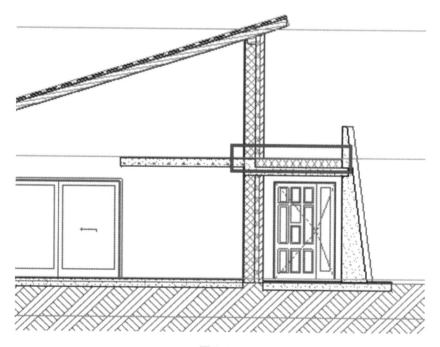

图 6-55

下面建立分隔墙。

打开首层平面图，激活墙工具并设置如下。

（1）墙顶部：链接到 2. 走廊（始位＋1）。

（2）上部偏移到上部链接楼层：-0.46 。所以墙将在楼层标高下结束，楼层标高是板的厚度。

（3）底部标高（到项目零点）：-0.05。

（4）参考线偏移量：0.00。

（5）始位楼层：首层平面图。

（6）复合材料填充：壁骨式隔墙。

（7）平面图和剖面：所有相关楼层，带顶部投射，整个元素。

（8）覆盖外部和内部表面：油漆 - 有光泽的白色。

（9）类别和属性：非承重元素，内部的，墙。

（10）图层：室内 - 隔断

点击"确定"（图 6-56）。

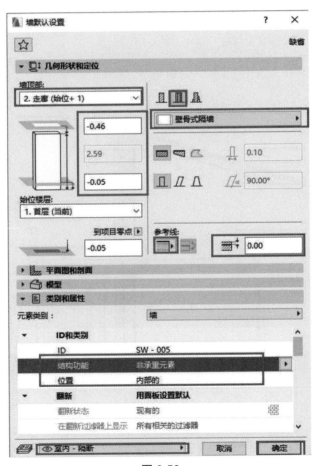

图 6-56

　　选择单个几何法和核心中心参考线方法并从石墙的中点绘制一个 y 向线段。墙与石墙相交是不正确的,因此再次打开"复合结构"对话框并将"空气间层 - 框架复合层"替换为"空气间层"(图 6-57)。

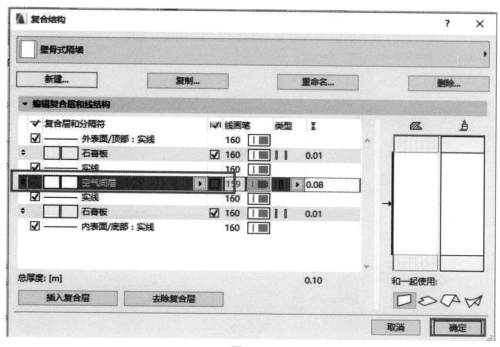

图 6-57

　　选择墙,右击并选择"移动"—"拖移一个拷贝",将墙向右移动 1.2 m。当完成时,调整墙的端点以便于它接触弯曲的墙(图 6-58)。

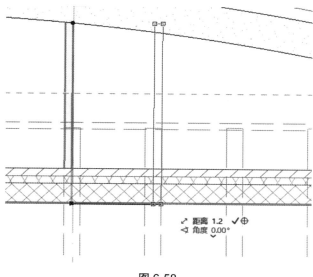

图 6-58

6.7.4 内部门

首先,添加一个折叠门隐藏在墙结构中,然后在入口区域中放置一个房间的普通门,最后放置一个入口门到走廊阳台。

门设置对话框中有恰当的墙厚度,用拾取工具（吸管）选择承重墙的参数。

激活门工具并在搜索字段中键入折叠,选择"折叠门 20"。门设置如下。

（1）定位:窗台到楼层设置为 0.00。

（2）定位:边 2（图 6-59）。

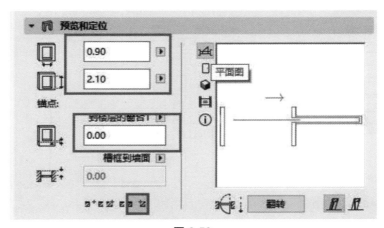

图 6-59

在"边框和门扇"标签页中,继续进行下列设置。

（1）中央门扇:关。

（2）袋边框:开。

（3）门扇偏移: 0.06。

（4）类别和属性:非承重元素,内部,门（图 6-60）。

点击"确定"。

把第一扇门放置在入口房间的左下角,在该点有两堵墙汇合,点击角。点击设置洞口方向的右上角箭头,以便门扇在正确的方向。打开"放置门",然后设置、修改边框和"门扇"标签页"门扇偏移: 0.13"并且折叠门将被放置在两堵墙之间（在保温隔热复合层）（图 6-61）。

取消选定门。

现在,向 WC 区域添加更多的门。

激活门工具并设置如下。

（1）类型:门 20（"铰链门 20"文件夹。）

（2）大小: 0.75/2.10。

（3）定位:窗台到楼层设置为 0.00。

（4）槽框到墙面: 0.00。

（5）定位:边 1（图 6-62）。

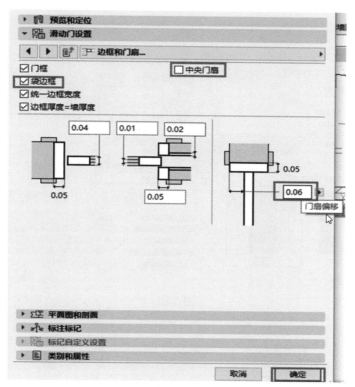

图 6-60

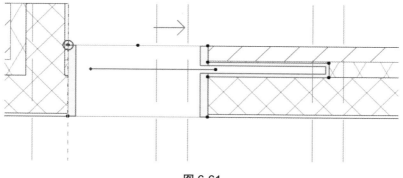

图 6-61

（6）点击"铰链门设置"面板—"门扇类型标记"，将门扇类型设置为：类型 56（图 6-63）。

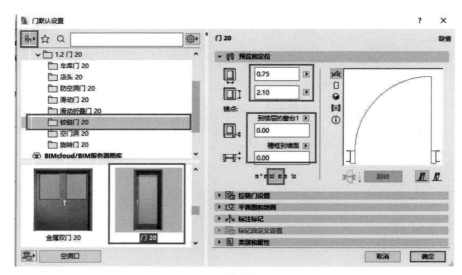

图 6-62

图 6-63

点击"确定"。

放置门,使所有房间都能进入(图 6-64)。

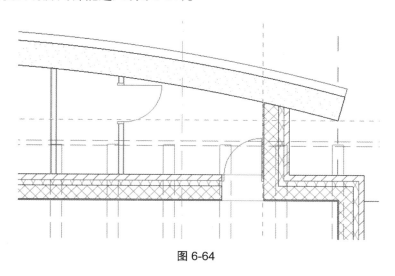

图 6-64

接下来把门放置在走廊的外墙中,步骤与入口处相同。

打开走廊平面图并选择首层平面图来显示参照,从追踪设置中激活"透明的填充及区域"(图 6-65)。

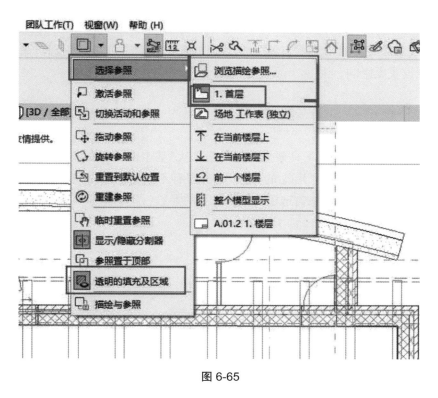

图 6-65

此处想要与入口门完全一致的门,并且达到一次性修改所有设置和参数,可以从标准工具栏中再次使用吸管（拾取工具）。

激活拾取工具并将光标移动到追踪参考的门上，直到出现关于门的基本信息的信息标记。

需要注意的是，门工具同时被激活。如果在平面图上有重叠的元素，可以点击 Tab 键在元素之间切换。

将门定位设置为一侧，把门放置在右侧短垂直墙段与水平墙的交叉点上。点击右下方的四分之一处定义洞口方向。如果需要，可使用辅助线（图 6-66）。

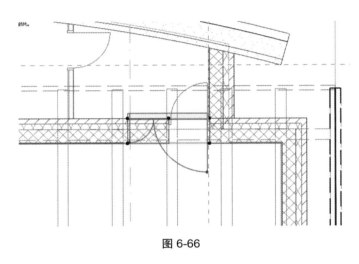

图 6-66

当把门或窗放置在窗台和木板的方向上时，选择外墙侧。如果使用翻转命令修改洞口方向，对墙侧设置无影响。

6.7.5　窗

现在在建筑中插入新建窗。

打开首层平面图，激活窗工具并打开其设置。从"基本窗 20"文件夹中选择"窗 20"。与门相同，由于广泛的参数列表，窗有不断变化的现象。使用"基本窗设置"面板的标记来勾选逻辑组中已有的参数（图 6-67）。

窗

设置如下。

（1）大小：0.60/0.60，窗台到楼层 1.80。

（2）定位点：中心。

（3）槽框到墙核心：0.15（图 6-68）。

在"基本窗户设置"标签页中设置如下。

（1）窗户设置和开口：细节等级将 2D 细节级别改为中国细节。

（2）开口类型和角度：2D 开口角度设置为 0。

（3）固定装置："板"勾选，"窗台"勾选。

在"类别和属性"中设置：非承重元素，外部，窗（图 6-69）。

图 6-67

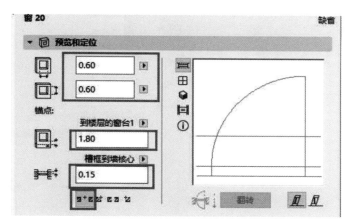

图 6-68

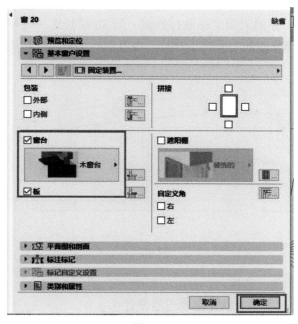

图 6-69

点击"确定"。

在入口房间倾斜的墙上用自动捕捉点插入第一扇窗。点击"特殊捕捉点"下拉箭头并选择"分半"和"在交点之间"选项。这样，项目显示交叉点之间的捕捉点，而不是整个元素（图 6-70）。

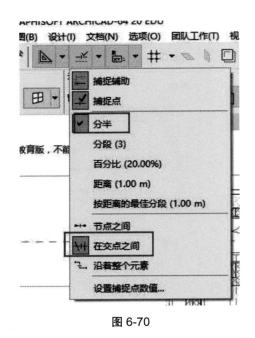

图 6-70

在石墙上任意放置三扇窗，每个房间一扇。我们将在后面整理窗户。当定义洞口方向时，点击右下方的箭头，并用太阳光标选择外侧。当完成时，逐一选择窗并在特殊捕捉点的帮助下安排它们。选择外侧的中间热点并移动窗直到捕捉点出现在墙的内侧（图 6-71）。

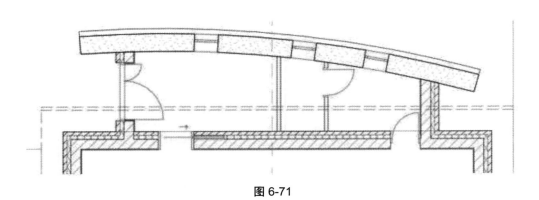

图 6-71

接下来在走廊上添加一些窗。

打开走廊平面图，激活窗工具并修改当前设置。

（1）大小：0.80/0.80，窗台到楼层 1.60。

（2）将定位点设置为居中。

（3）槽框到墙核心：-0.10（图 6-72 ）。

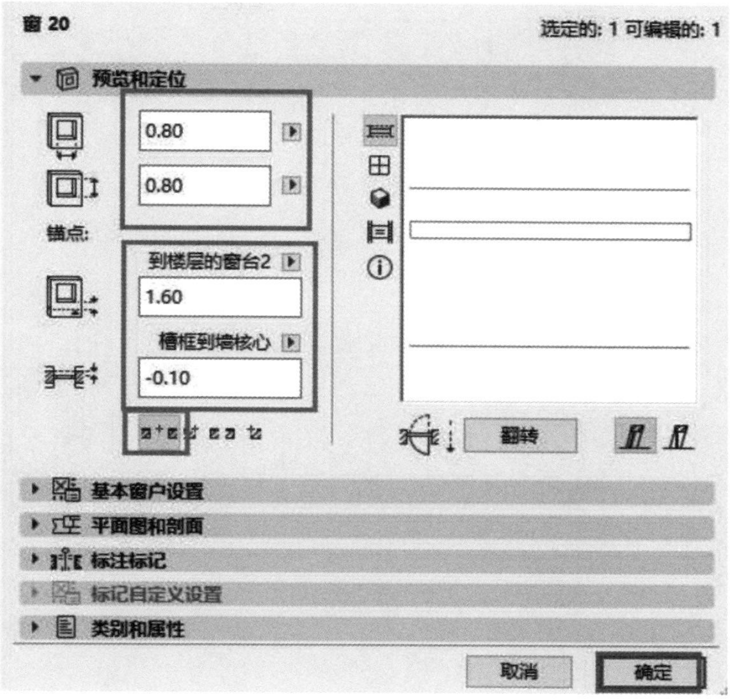

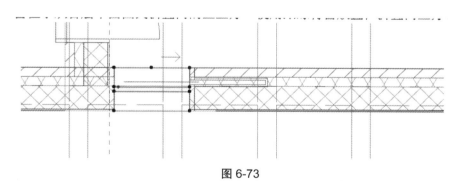

图 6-72

点击"确定"。

新建窗位于首层平面图折叠门的正上方。使用"跟踪"将窗放置在折叠门上方（图 6-73 ）。使用标准工具栏中的图标关闭描绘与参照。选择窗并点击任意热点来显示弹出式小面板，选择多重复制，设置"3"作为拷贝的数目和分布方法，点击"确定"。

图 6-73

点击窗左上方的热点作为参考并点击门的左上角作为端点（图 6-74 ）。

在走廊板两侧的中点上放置两个以上窗（使用辅助线）（图 6-75 ）。

修改窗和天窗：尽管如同其他对象一样，不同类型的窗被分列为不同的对象，但是可以随时修改已放置窗的类型。

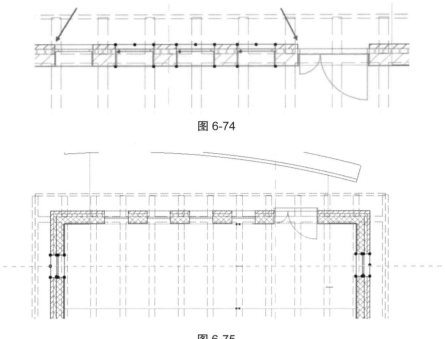

图 6-74

图 6-75

6.7.6 修改窗

选择两扇放置在边墙上的窗，打开"窗选择设置"对话框并选择"圆窗 20"，它位于"特殊窗 20"文件夹，修改如下一些参数。

1. 大小：1.20/1.20，窗台到楼层 1.00。

2. 槽框到墙核心：-0.10（图 6-76）。

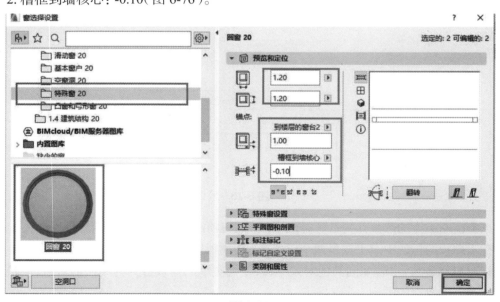

图 6-76

点击"确定"。

修改两扇窗的类型和尺寸后,转到 3D 窗口来检查结果(图 6-77)。

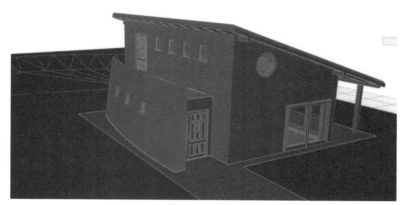

图 6-77

创建建筑模型时,如想修改窗的高度和位置,有时某些视图比其他的更有帮助。

接下来在 3D 视图中重新调整窗的大小。在 3D 视图中的弯曲墙上选择正确的窗。这是入口的窗,因此我们将它调整得更大。点击左下角或右下角来显示弹出式小面板并激活垂直拉伸命令,向下拖移光标,如果需要,打开追踪器并键入"1.5"(图 6-78),点击回车键。

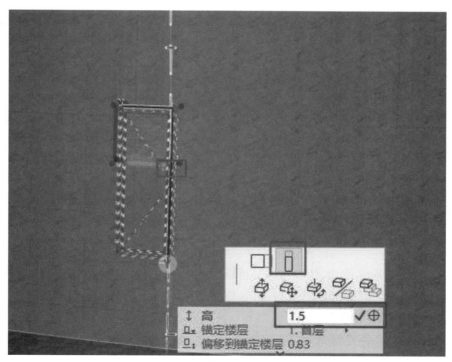

图 6-78

图书资源使用说明

如何防伪

在书的封底，刮开防伪二维码（图1）涂层，打开微信中的"扫一扫"（图2），进行扫描。如果您购买的是正版图书，关注官方微信，根据页面提示将自动进入图书的资源列表。

关注"天津大学出版社"官方微信，您可以在"服务"→"我的书库"（图3）中管理您所购买的本社全部图书。

特别提示：本书防伪码采用一书一码制，一经扫描，该防伪码将与您的微信账号进行绑定，其他微信账号将无法使用您的资源。请您使用常用的微信账号进行扫描。

图1

图2

图3

如何获取资源

完成第一步防伪认证后，您可以通过以下方式获取资源。

第一种方式：打开微信中的"扫一扫"，扫描书中各章节内不同的二维码，根据页面提示进行操作，获取相应资源。（每次观看完视频后请重新打开"扫一扫"进行扫描）

第二种方式：登录"天津大学出版社"官方微信，进入"服务"→"我的书库"，选择图书，您将看到本书的资源列表，可以选择相应的资源进行播放。

第三种方式：使用电脑登录"天津大学出版社"官网（http://www.tjupress.com.cn），使用微信登录，搜索图书，在图书详情页中点击"多媒体资源"即可查看相关资源。

其他

为了更好地服务读者，本套系列丛书将根据实际需要实时调整视频讲解的内容。同时为帮助读者进阶学习或参加职业资格考试，作者将根据需要进行直播式在线答疑。具体请关注微博、QQ群等信息。

我们也欢迎社会各界有出版意向的仁人志士来我处投稿或洽谈出版等。我们将为您提供更优质全面的服务，期待您的来电。

通信地址：天津市南开区卫津路92号天津大学校内　天津大学出版社315室

联系人：崔成山　　电话：022-27402661　　邮箱：ccshan2008@sina.com